顧客・技術・経営をつなぐ
協調的ソフトウェア開発
マネジメント

アジャイル開発とスクラム 第2版

AGILE AND SCRUM

Software Development That Connects Customers, Engineers And Management

平鍋健児｜野中郁次郎｜及部敬雄

本書を推薦する言葉

スクラムは現在、ソフトウェア開発を越えて進化し、営業、経理、人事など様々な活動、自動車やヘルスケアなど様々な業界で使われている。日本の読者の組織が、野中先生の論文で書かれたように、元来持っているチームワークの力を取り戻すことを願っている。

——スクラム共同考案者　ジェフ・サザーランド

イノベーションは『実践知』から生まれる。日本発の知識創造プロセス、スクラムは、米国において新しいソフトウェア開発手法として生まれ変わり、今、日本に帰ってきた。

——ハーバード大学経営大学院教授　竹内弘高

スクラムはソフトウェア開発に留まらず、様々な分野に活用され、さらに組織変革を推進する手法へ成長している。日本企業の働き方から生まれたスクラムは、組織のアジリティを高める最適な方法だと確信している。

——Scrum Inc. Japan 代表取締役社長　荒本 実

ユーザーとベンダーが対話するためのバイブルが日本で生まれた。思いを合わせてスクラムを組めば、ＩＴの力で日本は必ず良くなる。

――富士通株式会社　シニアフェロー　宮田一雄

今のビジネスはスピードが命。アジャイル開発でサービス競争力を高めたい。

――株式会社エムティーアイ　取締役副社長　泉　博史

変革と創造の時代、ユーザー指向と共感を大切にしていきたい。テクノロジーを超え、日本ならではの和に根ざした協調開発を目指して。

――大島啓二

初めてサザーランド博士に出会ったとき、こう言われました。「私たちは日本人のタケウチ、ノナカから学んだ。日本人ならちょうどいいスクラムが、きっとできる」そして私たちが野中先生との初対面を実現してから10年。ちょうどいいスクラムで皆さんの組織に変革を。

――一般社団法人スクラムギャザリング東京実行委員会代表理事　川口恭伸

本書内容に関するお問い合わせについて

このたびは翔泳社の書籍をお買い上げいただき、誠にありがとうございます。弊社では、読者の皆様からのお問い合わせに適切に対応させていただくため、以下のガイドラインへのご協力をお願い致しております。下記項目をお読みいただき、手順に従ってお問い合わせください。

●ご質問される前に
弊社Webサイトの「正誤表」をご参照ください。これまでに判明した正誤や追加情報を掲載しています。

正誤表　https://www.shoeisha.co.jp/book/errata/

●ご質問方法
弊社Webサイトの「刊行物Q&A」をご利用ください。

刊行物Q&A　https://www.shoeisha.co.jp/book/qa/

インターネットをご利用でない場合は、FAXまたは郵便にて、下記"愛読者サービスセンター"までお問い合わせください。
電話でのご質問は、お受けしておりません。

●回答について
回答は、ご質問いただいた手段によってご返事申し上げます。ご質問の内容によっては、回答に数日ないしはそれ以上の期間を要する場合があります。

●ご質問に際してのご注意
本書の対象を越えるもの、記述個所を特定されないもの、また読者固有の環境に起因するご質問等にはお答えできませんので、予めご了承ください。

●郵便物送付先およびFAX番号
送付先住所　〒160-0006　東京都新宿区舟町5
FAX番号　03-5362-3818
宛先　（株）翔泳社 愛読者サービスセンター

※本書に記載されたURL等は予告なく変更される場合があります。
※本書の出版にあたっては正確な記述につとめましたが、著者や出版社などのいずれも、本書の内容に対してなんらかの保証をするものではありません。

第2版に寄せて

我々が1980年に書いた論文「新しい新製品開発ゲーム」で提示した「スクラム」というコンセプトが、アジャイルというソフトウェア開発分野で盛んに使われているという。このことを初めて知ったのは、2010年のことだ。平鍋氏に誘われるがままに、アジャイルジャパンというカンファレンスで講演を頼まれ、私がまったく不案内なソフトウェアエンジニアの前で初めて、知識創造理論の話をした。遠いと思っていた分野だったが、新しく起こっているソフトウェア開発手法や市場の変化に、人間と組織の力で立ち向かおうとしている彼らに強く共感し、未来への手応えを感じたのをはっきりと覚えている。

2011年にはイノベーション・スプリントというカンファレンスで、アジャイルの開祖の1人、ジェフ・サザーランドと初めて話す機会を持った。彼は、ベトナム戦争でかつて戦闘機パイロットとして従軍し、極限状態での臨機応変なマネジメントの重要性を知っている。そこでなるほど、と納得した。私が研究してきた知的機動力による組織的イノベーション論との融合がソフトウェア開発の場で起こっているのだ。

さらに、2020年には、スクラム・インタラクションにてジェフと再会。今度はそのスクラムが、ソフトウェア開発プロセス手法に閉じず、イノベーションのための「組織改革手法」として拡張されている、という話を聞いた。今度は、私の専門である組織論にまで彼の考えも及んできたのだ。私はもともとスクラムの概念を組織論として論じており、アジャイルやスクラムが小さなチームの話だけで終わるはずがない、と考えていた。そして、実際にその変化が起きている。

現在DX（デジタルトランスフォーメーション）という薄っぺらい言葉で語られる変化には、もっと人間の内面に迫る本質があるはずだ。反省に始まり、本質直観や先読みまで組み込まれた機動的な朝会、共感を媒介にして、異質なクリエイティブ・ペアが知的コンバットを行うペアプログラミングなど、我々が組織的知識創造理論で示したエッセンスがアジャイルやスクラムには組み込まれている。ここにきて、もともと私たちが思索・理論化した組織論、知識創造理論とのつながりが、さらに強くなった。

本書は、2013年に出版された同名書籍の第2版である。今回は、経営者やマネジメント層にぜひ読んでもらおうと、技術的側面をばっさり縮小し、日本企業の実践事例を刷新するとともに、我々が『知識創造企業[1]』で展開した「SECIモデル」、および『ワイズカンパニー[2]』で明らかにした「実践知リーダーシップ」との関係についても踏み込んでいる。

今、日本ではスタートアップの世界だけではなく、大企業も変わらなければならない。自分ごととして組織や社会を考えるリーダーシップが、トップにも、フロントの現場にも、そしてミドルマネジメントにこそ必要だ。そんな方々に、ぜひ読んでいただきたい。

野中郁次郎

はじめに

「スクラム」もしくは「アジャイル」というソフトウェア開発手法をご存知だろうか。

現在、ソフトウェア開発の現場は世界的に大きく変わろうとしている。従来は、作るソフトウェアについての要求を事前にすべて収集・把握し、それを分析・設計・実装し、最後に全体テストをする、といういわゆる「ウォーターフォール」手法で進められてきた。基本的に各工程間の後戻りを許さず、ドキュメントで工程間を伝達する手法だ。しかし現在、優先順位が高い機能から動くものを作り始めて短い時間で一部を完成させ、それを顧客やユーザーに早く見てもらい、フィードバックを受けながらソフトウェアを成長させる「アジャイル」と総称される一群の手法の採用が進んできている。「スクラム」は、その一群のアジャイルの中で最も普及した具体手法の1つである。

米国で発祥したこの新しい手法は、欧米を中心に世界的広がりを見せている。例えばデンマークでは、アジャイルが政府調達における推奨手法となっているし、ブラジルでは米国から発注されたオフショア開発を、同じタイムゾーンであることを活かしたインターネットテレビ会議の利用によって、アジャイルで行う例が進んできている[1]。

アジャイル開発がここまで広まったのは、従来の手法がビジネスの変化の速さについていけなくなったことが大きい。開発を始めて終わるまでに、既に市場環境が変わってしまっていることがある。インターネットやクラウドを利用したサービスのソフトウェア開発が増えてきたことも大きな理由だと考えられる。この世界では、徐々に顧客を獲得しながらサービスを拡大するのが一般的だ。例えば、営業支援ツールをＷｅｂサービスとして提供するセールスフォース・ドットコム（salesforce.com）は、米国西海岸のスタートアップから成長した企業だが、２００６年にスクラムを全社的に採用して一気にサービス開発のスピードを上げた。また、グーグル（google.com）、フェイスブック（facebook.com）といった新興Ｗｅｂサービス企業では、内部で自然にアジャイル開発が行われている。

アジャイルを開発手法として採用する流れは、日本でも最近になって大きく進み、特に楽天やリクルートに代表されるＷｅｂサービスをコア事業としている業種やネットゲーム業界を中心に、広まりつつある。ソーシャル・ネットワーク、クラウド、スマートフォンなどがビジネスを取り巻く環境を激変させ、既存のビジネスモデルは生き残りを賭けて抜本的な変化が求められている。今まで世の中に存在しないソフトウェアを作る、それも同業他社より速く……このような、ビジネスにスピード感が求められる環境、ビジネスが不確実で先読みすることが難しい環境では、ビジネスを作る側と技術を担当する側が協力してソリューションを考えなければならない。そして、すばやくリリースしてユーザーを獲得すること、ユーザーの反応を見ながらソフトウェアを追加・改変していくことが求められる。この分野でのアジャイル普及の波は、もはや止められないであろう。

従来からある企業システムの受託開発の分野にも、アジャイルの波は徐々に及んでいる。現在SI（システム・インテグレーション）と呼ばれる業界でも、クラウドの台頭によるビジネスの変化やスピード感重視の流れから、発注側のユーザー企業情報システム部門の期待に、ベンダー側が柔軟に応えられなくなってきている。そのほかにも、ベンダー側では、コスト削減、短工期化、品質確保の要請から、長時間残業など職場環境の悪化が起きている。度重なる仕様変更に、技術者が疲弊している開発現場も多い。多重になった下請け構造の見直しや、他産業へのエンジニアの流出などから、今、大きな構造改革が起きようとしている。富士通、NEC、日立、NTTデータ、東芝、ソニー、パナソニックといった日本を代表する従来からの大企業の中でも、顧客の要求に柔軟に応えられる手法として、品質を開発初期から確保する手法として、初期リリースのスピードを重視する手法として、さらには、開発現場からやる気と知恵を引き出し、人とチームを育てる「場作り」の手法として、アジャイルが注目され始めている。山形県庁でのアジャイル開発の採用[2]や島根県でのビジネス創出支援事業[3]など、官公庁での取り組みも始まっている。さらに、情報処理推進機構（IPA）からは、アジャイル型のモデル契約書も公開されてこの動きを後押ししている[4]。

筆者らは、「アジャイル」と「ウォーターフォール」を対立構造として見る立場ではない。本書では、わかりやすさを優先して両者を対比して解説している部分が多いが、特に日本の場合、ユーザーとベンダーが分かれた産業構造、企業人材の流動性の低さ、一括請負型契約の問題などから、単純にすべての分野でアジャイルが勝る、と考えているわけではない。現在ITは、金融、ヘルスケア、家電、自動車、公共、流通、Webサービス、ゲーム等々、あらゆる産業で活用されており、それぞれの分野、プロジェクトの形態、製品やサービスの形態ごとに最適な手法は変化する。しかし、どの分野でも、アジャイルの考え方や要素を取り入れる流れは、今後どんどん加速する。そして、特にITをコアの事業戦略としている業界（例えばWebサービス開発）では、アジャイルが必須の開発手法になっている。

本書は、このソフトウェア開発手法としての「アジャイル」、そして、その中でも特に人気のある手法として「スクラム」について平易に解説したものである。この分野では、これまで、200冊以上の技術書が海外で書かれ、日本語訳されているものも多い。しかし、技術者向けではなく、情報システムのユーザーの方にも読みやすく、最初から日本語で書かれたものはなかった。日本のＳＩでは、ソフトウェア開発がユーザー企業とベンダー企業に分かれて行われることが多いが、本書は特に、ユーザー企業の経営者・情報システム部門の方、さらにベンダー企業のマネージャーの方に読んでいただきたいと考えている。また、日本の製造業をはじめとする組込みソフトウェア分野の方や、ハードウェアとソフトウェアを組み合わせた製品開発でイノベーションを創出したいと考えているメーカーのリーダーの方にもぜひお読みいただきたい。

筆者（平鍋）は、２０００年からアジャイル手法が持つ力を確認すべく、自身の製品開発プロジェクトへの積極的な適用、海外の関連書籍の翻訳、海外カンファレンスへの出席および発表、国内の事例の収集、他社でのアジャイル導入コンサルティング、国内の開発者コミュニティの育成、といった活動を続けてきた。本書では、この活動の中で得た知識、事例などをまとめて紹介したい。

また、この過程で「スクラム」という言葉が、実は日本の80年代の製造業での新製品開発からヒントを得て名付けられた名前だということ、そして、その名付け親は竹内弘高氏と今回の共著者である野中郁次郎氏だということがわかった。オリジナルの論文の中には、ソフトウェア開発のみならず、組織経営やチーム運営についても多くの示唆が含まれていると同時に、「知識」というものがイノベーションの源泉であり、「知識創造プロセス」がこのスクラム手法の正体だと書かれている。そこで後半では、野中郁次郎氏に登場いただき、「スクラムと知識創造」、および

「スクラムと実践知リーダーシップ」についても踏み込んで書いていただいた。

この手法が日本の中でももっと利用され、日本の産業がＩＴの力で活性化すること、各産業分野での製品開発、サービス開発の競争力が高まること、そして何より、それを下支えするソフトウェア開発の現場で働くエンジニアにとって、いきいきと仕事ができる環境が作られることが、筆者らの願いである。

◆本書の構成

本書は、３部構成となっている。

第１部　アジャイル開発とは何か、スクラムとは何か
第２部　アジャイル開発とスクラムを実践する
第３部　アジャイル開発とスクラムを考える

第１部でビジネス的な背景を説明した後、アジャイル開発とスクラムを詳説する。第２部では国内の事例をインタビューとともに掲載する。最後の第３部では現在のアジャイル開発では明示的に言及されていない企業経営とリーダーシップの側面から、アジャイル開発を考察する。

アジャイル開発とスクラム 第2版

目次

第2章 なぜ、アジャイル開発なのか 35

第3章 スクラムとは何か？ 50

第4章 アジャイル開発の活動（プラクティス） 69

第5章 アジャイルの進化とスケールフレームワーク 105

第2部 アジャイル開発とスクラムを実践する 137

執筆
株式会社ＮＴＴコムウェア株式会社 薄井宏航（第6章）
株式会社永和システムマネジメント 岡島幸男（第7章）
株式会社永和システムマネジメント 橋本憲洋（第7章）
ＡＮＡシステムズ株式会社 室木梨沙（第7章）
株式会社 IMAGICA Lab. 蜂須賀大貴（第8章）
ＫＤＤＩ株式会社 KDDI DIGITAL GATE 佐野友則（第9章）

第３部 アジャイル開発とスクラムを考える

執筆 野中郁次郎、平鍋健児

第10章 竹内・野中のスクラム論文再考

プロローグ
～歴史的出会い（West Meets East）

２０１１年１月14日、年明け早々に開かれたソフトウェア開発者向けのカンファレンス「イノベーション・スプリント２０１１」の会場、楽天株式会社の５階の大ホールは、２００人の参加者で静かな熱気に包まれていた。この日、世界的に急速な普及が進んでいるソフトウェア開発手法「スクラム」の提唱者であるジェフ・サザーランドが、初めて日本のエンジニアの前で講演をする。さらに、日本からは野中郁次郎がこれを受けて講演を、そしてその後、対談をする歴史的瞬間だ（写真）。著者（平鍋健児）は、この対談で通訳を務めさせていただいた。

竹内弘高・野中郁次郎が日本の製造業でのイノベーション手法を、１９８０年代に「スクラム」と名付けて言語化したものは、90年代にジェフ・サザーランドらの手でソフトウェア開発に応用され、現在世界的に広まっている「アジャイル」の大きな潮流のきっかけになった。東京で行われたカンファレンス「イノベーション・スプリント２０１１」にて、ジェフと野中はイノベーションについて初めて意見交換をする機会を持ち、会場は大きく沸いた。

写真 ジェフ・サザーランドと著者の2人（Publickey 新野淳一・写真提供）

この手法は、ソフトウェア開発の手順を変えるだけではない。そこで働く人に着目し、ビジネスを考える人とエンジニアが協調的に、モチベーションを持って仕事に取り組めるような意識改革をも含んでいる。

参加者の多くは、様々な会社から集まったエンジニアたちだ。彼らはカンファレンスで受けた熱い思いを胸に、自身の職場で新しいリーダーとなって動き始めた。日本のソフトウェア開発の現場が変わり始めた瞬間だ。

そして2021年、アジャイルは日本でも大きく普及が進み、スクラムギャザリング東京では、野中は実践知について再度聴衆に語りかけた。アジャイルと実践知リーダーがつながって、それがスクラムとなるのだ。

第1部

第1部では、現在ソフトウェア開発の主流になりつつある「アジャイル」と呼ばれる開発方法論について解説する。

簡単に事例を紹介した後で、アジャイルとは何か、なぜこのような開発手法が現れたのか、その利点は何か、を明らかにしていきたい。

その中でも、最も普及が進んでいる「スクラム」を中心に、この手法の現れた背景、環境を含めて詳しく解説する。

また、アジャイル開発を実践するための「プラクティス」と呼ばれる手法群のうち、特徴的なものをいくつか紹介する。

アジャイル開発とは何か、スクラムとは何か

執筆：平鍋健児
及部敬雄

第1章 アジャイル開発とは何か？

アジャイル開発とは何か。最初に背景を実感していただくために、米国でのスクラムの成功事例を取り上げよう。米国サンフランシスコに拠点を持つセールスフォース・ドットコム（salesforce.com）は、営業支援、顧客管理ツールをインターネット上のＷｅｂサービスとして提供している。１９９９年に設立され、２００４年に株式公開を果たした同社は、「ソーシャルエンタープライズへのシフト」というコンセプトの下、顧客企業の情報システム変革をＷｅｂサービスによって支援しているいわゆるドットコム企業だ。

２００６年頃、これまで開発してきた大きなソフトウェア資産が複雑化し、新機能を顧客へ提供するスピードがどんどん落ちてきていたという。この時点で、セールスフォースは3万５０００社の顧客、90万人の利用者を持つまでに成長していたが、同時に開発部のエンジニア数は年率50%のペースで増加していたのだから、このような問題にぶち当たるのは無理もない。これまでは年4回製品をバージョンアップしてきたが、開発速度が落ち、年1回しかリリースできない状態になっていた。彼らが直面した問題は、開発現場によくある現象となって現れた。

■最初の見積が不正確で、完成期限が守れず、テスト期間が短縮されてしまう
■開発全体の進捗が不透明で、現状が正確につかめない
■機能に対する修正や変更のフィードバックが、開発の最後になって届く
■スケジュールが遅延し、リリース日の予測が困難
■チームが肥大化するにつれ、徐々に生産性が落ちてきた

同社がスクラムによるアジャイル開発を始める前は、ウォーターフォールを基本とする開発手法を採用していた。また、開発体制は、プロジェクト管理チーム、製品管理チーム、UX(ユーザー体験)チーム、開発チーム、品質管理チーム、ドキュメントチームのように専門ごとに組織されていた。製品管理チームが機能仕様を書き、UXチームがプロトタイプとユーザーインターフェイスを作る。開発チームは技術的な仕様とコードを書き、品質管理チームが機能仕様をテストする。そしてドキュメントチームが機能をマニュアル等に文書化する、といった具合だ。プロジェクト管理チームは、全体を見ながら組織全体をまとめる役割を担っている。

このようなウォーターフォールの開発は最初うまくいっていたが、組織があまりにも早く大きくなったために破綻してしまった。そして、前述のような問題が頻発するようになり、CEOのマーク・ベニオフは「会社の開発全体を、スクラムで変革する」という決断をしたのだ。

マーク・ベニオフと共同創設者で開発部長のパーカー・ハリスは、全体の変革プログラムを主導し、全社で一丸となって組織改革を進めたという。専門ごとに分断された組織の壁を壊し、組織横断型のプロジェクトチームを作り、チームを大きな部屋に集めた。そして、スクラムを使って、動くソフトウェアを30日ごとに作り続けるようにしたのだ。

その結果、製品のバージョンアップのサイクルは元の年4回ペースに戻り、溜まっていた欠陥の負債もなくなり、リリース期日も守れるようになったという。

さらに、特筆したいのは、この大規模なスクラム採用の後に行われた社内アンケートによると、87%が自分たちのチームを「自己組織化されている」と答え、80%が新しい手法（スクラム）が「チームの生産性を上げた」と答えたという。ビジネスのスピードに追随するという目的だけではなく、自律的なチームや組織を作る手法としてもスクラムが注目された例である。

このスクラム導入の成功事例は、アジャイル開発の最新動向や事例が集まる年に一度のカンファレンス「Agile2007」で報告され、会社全体の組織変革事例として大きく注目された[1]。

図1-1 ウォーターフォールとアジャイル

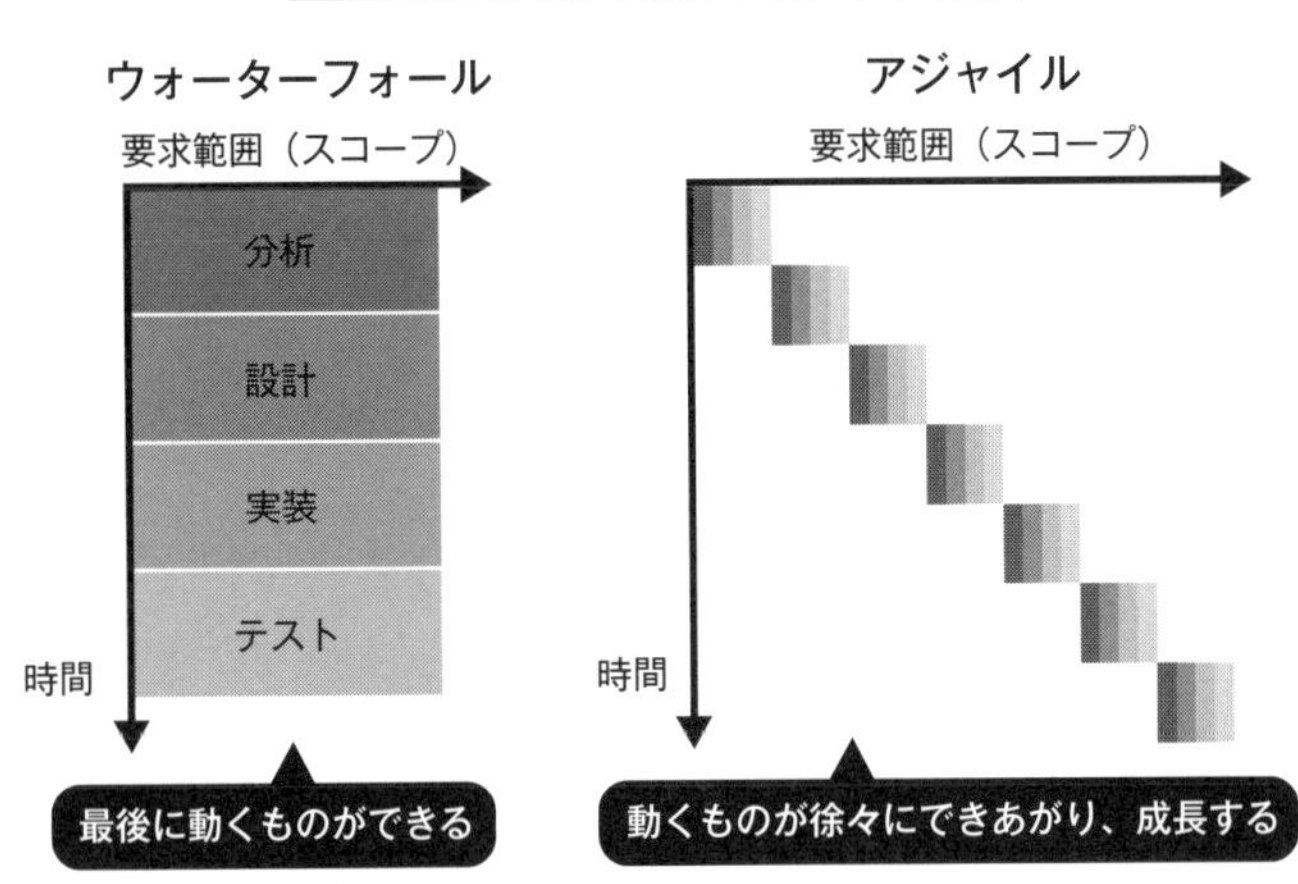

アジャイルとウォーターフォール

それでは、改めてアジャイルと呼ばれるソフトウェア開発手法を説明しよう。従来のソフトウェア開発の現場では、分析、設計、実装、テストという開発の工程（手順）を踏み、その間を仕様書というドキュメントで意図を伝える、ウォーターフォールと呼ばれる開発手法[2]が主流だった。これに対して、アジャイル開発は短い期間（1週間から1ヶ月）を区切って、その中ですべての手順を踏んで動作する完成品の一部を作る。そしてそれを繰り返す。この手順を図にすると、図1-1のようになる。

ウォーターフォールでは、要求範囲（スコープ）の全体を最初に「分析」（何を作るか理解）し、その結果に基づいて「設計」（どのように作るか検討）し、その設計をコードとして「実装」（実際にソフトウェアを作成）し、最後に「テスト」（作られたものを確認）する。プロジェクトの最後にようやく動くものができあがるため、顧客やユーザーは最後まで動くものが見えない。紙に書かれた文書で仕様を理解しなくてはならず、誤解も生じやすい。さらに、要求を出してから実際に使えるようになるまで長い時間がかかるため、そもそもの要求がソフトウェアの完成時点で古くなってしまうことさえある。

これに対しアジャイル開発では、分析、設計、実装、テストを短い期間で並列に行い、それを繰り返す。顧客にとって価値の高い機能から開発し、短い間隔で動くソフトウェアを完成させる。文書や報告ではなく、動くソフトウェアを一定間隔で作り、それを成長させるのだ。開発を通して顧客やユーザーの意見をフィードバックしながら進める。途中で修正が入るのは普通だし、機能の優先順位も途中で変更される。

ケーキ作りを想像していただきたい。1層目のスポンジケーキを作り、クリームを塗り、2層目を重ね、最後にクリームとイチゴでデコレーションして完成させる。これが従来の作り方、すなわちウォーターフォールだ。実際にケーキとして食べられるのは最後の段階になる。これに対して、アジャイルでは、いきなりショートケーキを作る。顧客やユーザーの目から見て「食べられるもの」を、小さく縦スライスに作ってつないでいくことになる（図1 - 2）。

図1-2 アジャイル開発はショートケーキ作り

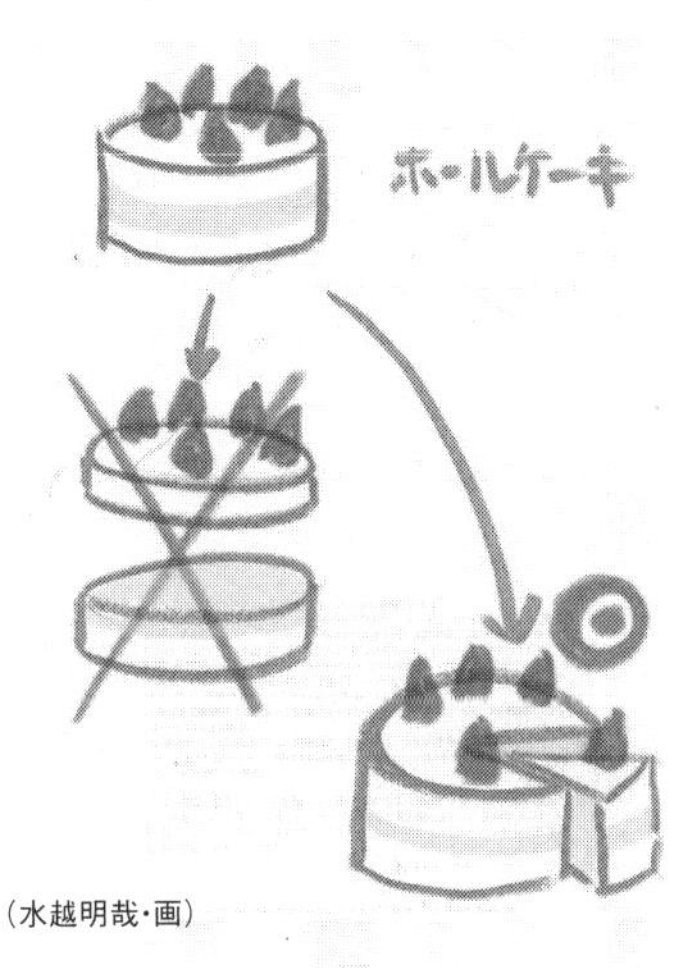

（水越明哉・画）

こうすることで、顧客は価値（食べられるもの）を早期に手に取れるようになる。また、開発中の仕掛品（在庫）の量を少なくすることができる。ホールケーキを作ってしまって、それが売れ残ると大きなムダ（投資の損失）になる。しかし、ショートケーキごとに作ることができれば、いつでも新鮮なケーキを顧客に適正な価格で提供することができるというわけだ。

手順としてのアジャイルはこのような繰り返し型に特徴があるが、実際には、協調とコミュニケーションスタイル、顧客と開発チームのゴールの共有関係、柔軟な計画変更の考え方、現場の開発者のモチベーションなど、その価値観が従来手法と大きく違っている。図1-3にこの価値観を表現した「アジャイル宣言」を全文掲載するので一度読んでみていただきたい。

どうだろう。前文には、この宣言が単なる机上で組み立てられた方法論ではなく、実践活動から導き出されたものであることが書かれている。それに続いて4つの文章がある。左側のことと右側のことを対比させる形によって、左側に価値を認めつつも、右側により価値をおく、という宣言になっている。

アジャイル宣言は、この時代（2001年）にこのような価値観を持った複数の開発方法論の提唱者が米国ユタ州スノーバードに集まり、彼らによって書かれたものである。アジャイルという言葉は、この会議によって初めて名付けられた方法論の総称なのである。具体的な方法論には、スクラム、XP（エクストリーム・プログラミング）、FDD[3]（ユーザー機能駆動開発）、DSDM[4]、ASD[5]（適応型ソフトウェア開発）、Crystal Clear[6]（クリスタル・クリア）、Evo[7]（イボ）等がある。

アジャイル宣言には、この4つの価値のほかに、12の原則が書かれている。[8] なお、本書ではスクラムを中心に扱うが、アジャイル宣言の署名者には、スクラムを提唱した3名（ケン・シュエーバー、ジェフ・サザーランド、マイク・ビードル）が含まれている。

図1-3 アジャイル宣言

アジャイルソフトウェア開発宣言

私たちは、ソフトウェア開発の実践
あるいは実践を手助けをする活動を通じて、
よりよい開発方法を見つけだそうとしている。
この活動を通して、私たちは以下の価値に至った。

プロセスやツールよりも**個人と対話**を、
包括的なドキュメントよりも**動くソフトウェア**を、
契約交渉よりも**顧客との協調**を、
計画に従うことよりも**変化への対応**を、
価値とする。すなわち、左記のことがらに価値があることを
認めながらも、私たちは右記のことがらにより価値をおく。

Kent Beck	*James Grenning*	*Robert C. Martin*
Mike Beedle	*Jim Highsmith*	*Steve Mellor*
Arie van Bennekum	*Andrew Hunt*	*Ken Schwaber*
Alistair Cockburn	*Ron Jeffries*	*Jeff Sutherland*
Ward Cunningham	*Jon Kern*	*Dave Thomas*
Martin Fowler	*Brian Marick*	

※https://agilemanifesto.org に原文、日本語訳もある。日本語は筆者(平鍋)らによって登録された。

本章のまとめ

1 アジャイル開発では、期間を短く区切って優先度の高い機能から実装することを繰り返すことで、最後にならないと動くものが見えないリスクを軽減するとともに、ユーザーや顧客のフィードバックを取り入れながら開発する。

2 アジャイル開発は単なる手順やプロセスではなく、「アジャイル宣言」に述べられている価値観に根ざしている。

3 アジャイル開発、という手法が存在するわけではない。アジャイル宣言に示された価値観を持つ開発手法は複数あり、その1つがスクラムである。

第2章 なぜ、アジャイル開発なのか

アジャイルによる開発手法の採用が進んできた背景には、昨今のビジネスの不確実さ、変化の速さがある。そのビジネスをサポートするために、ＩＴ（情報システム）が積極的に変化に対応することが求められているのである。

従来のビジネスとＩＴの関係

ソフトウェアは単独で存在するのではなく、それが製品に組み込まれたり、企業システムとして利用されたり、Ｗｅｂのサービスとして公開されたりすることでビジネスとつながっている。このビジネスの主体、そして、そのビジネスが対象とする市場（あるいはユーザー）、そして情報

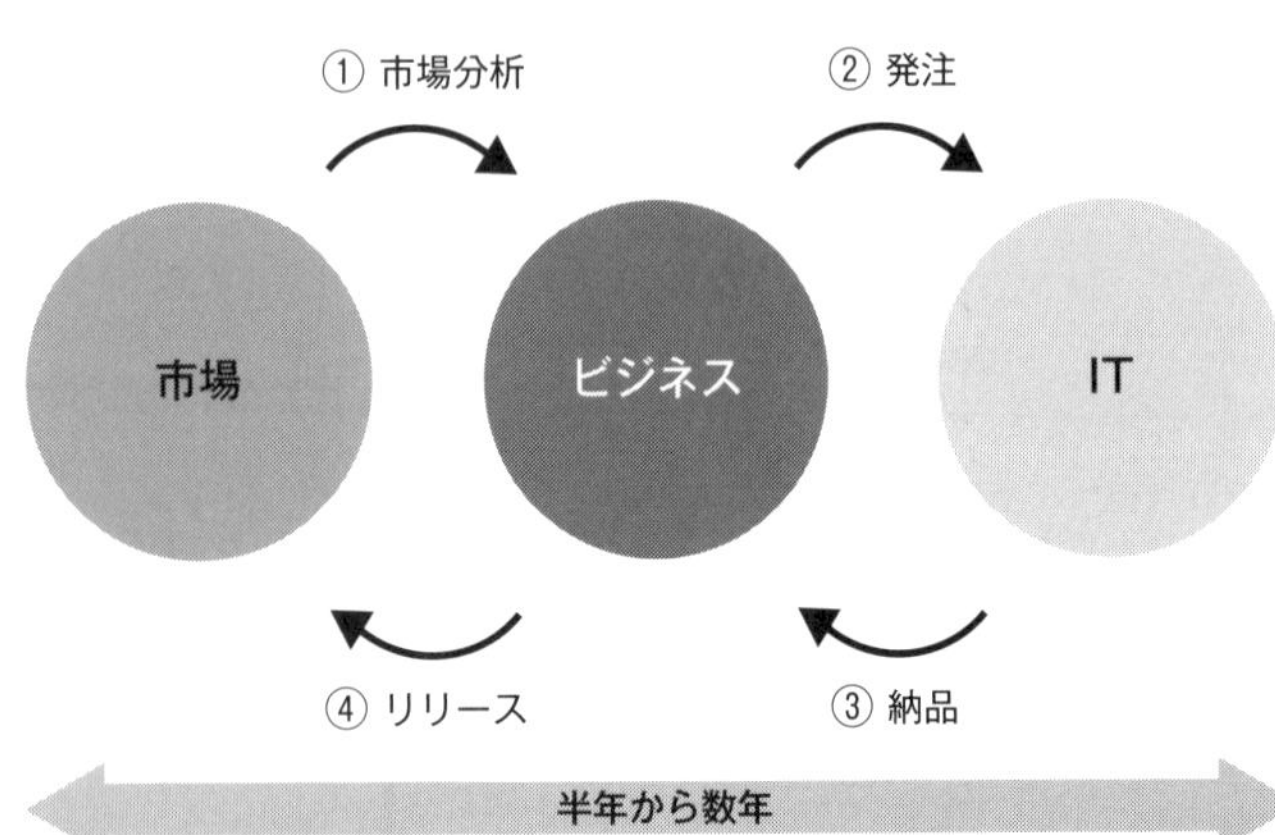

システム開発の主体（ＩＴ）、という3者の関係を表したものが図２‐１である。

従来の手法では、まずビジネスの主体が「市場分析」し、それを要求仕様書というドキュメントにまとめる。そしてそれをもとにＩＴにシステム開発を「発注」する。ここまでが「行き」の流れ。その後、ＩＴはその要求を満たすべくシステムを開発し「納品」する。そしてビジネス主体が納品されたシステムを市場へと「リリース」する。ここまでが「帰り」の流れである。この一周の往復に、半年から長い場合は数年かかるものもある。

これはコンシューマー向けのシステムの例だが、業務システムなど社内にユーザーがいるケースでは、「市場」を「ユーザー部門」、「ビジネス」を「ＩＴ部門」、「ＩＴ」を「ベンダー」と読み替えると、よりイメージが湧くかもしれない。

どちらの場合でも、ビジネスの主体（ビジネス、もしくはIT部門）と開発の主体（IT、もしくはベンダー）の間には発注と納品という手続きがあり、契約を介することになる。このような開発形態のどこに問題があるのだろうか。

ゴールが分断され、要求が劣化する

38ページの図2‐2はスタンディッシュ・グループのレポートに掲載されているデータである。リリースされたシステムの機能のうち、まったく使われない機能が45％、ほとんど使われない機能の19％を足すと、何と3分の2が使われない機能だという。この数字を見ると、ほとんどの情報システム開発に携わる人たちは「うんうん確かに」とうなずく。日常的に身の回りで起こっている現象なのだ。私たちは、壮大なムダを日々作っている。では、なぜこうなるのか。

まず、1つ目はゴールがビジネスとITの間で分断される、という問題があるからだ。ビジネスはシステムを開発し、投資した以上の効果を上げることが目的である。ところが、ITは契約を満たすこと、すなわち「仕様通りのシステムを納品すること」が目的になってしまう。そうなると、両者の間で綱引きが起こる。ビジネスが「ここをこうしてほしい」というとITは「それは当初の仕様に書いてありません」と答える。ゴールが違うから、お互い自分の利益を追求して

図2-2 要求の劣化(XP2002でのStandish Group報告より)

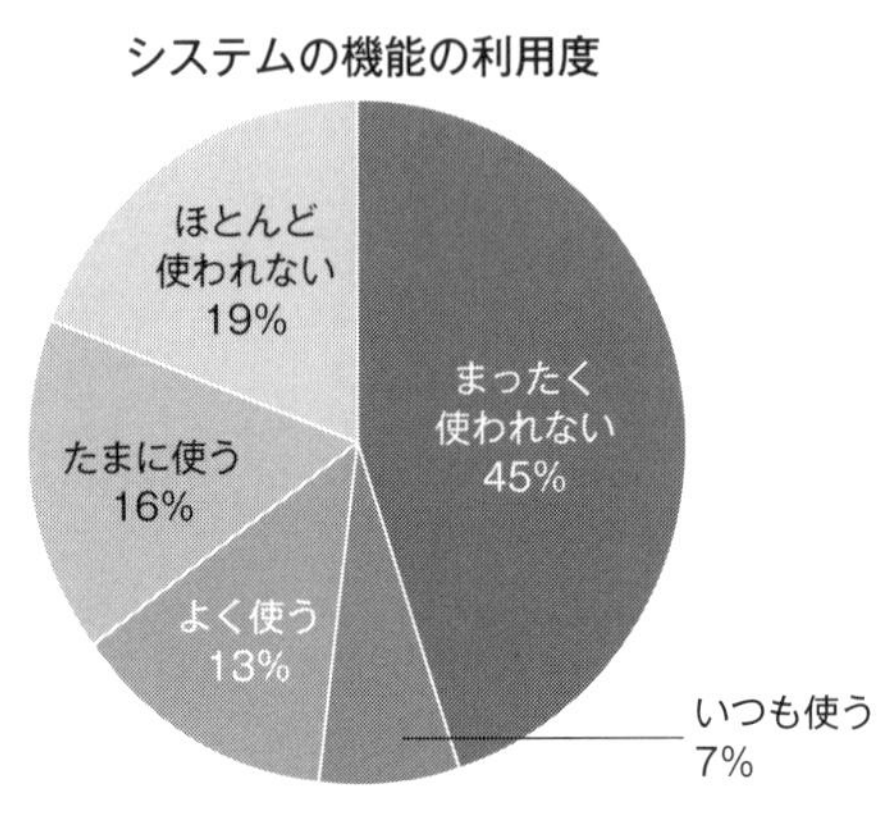

しまう。さらに悪いことに、このようなやり取りが続くと、ビジネスは契約の最初にできるだけ多くの機能を仕様に盛り込んでしまおうと考える。後で追加を要求すると「別途、お見積させてください」という回答が返ってきてコストが高くなるからだ。こうなると、最初に要求仕様書をできるだけ大きく作り、それを固めて両者で合意する、ということになる。その結果、このようにほとんど使われない機能をたくさん作ってしまうのだ。

もう1つの問題は、開発にかかる時間だ。市場を調査してから実際にシステムが市場に投入されるまでの間に半年や1年以上の時間がたつと、もはや市場が動いてしまっている。例えば、競合他社の新機能リリース、法律の改定、ユーザーの嗜好の変化などによって、もともと狙っていた的がこの時間ロスの間にずれてしまう。この「要求の劣化」が問題の核心だ。ビジネスの旬を逃してしまった要求は、いくらうまく実装したところで使われない機能となってしまう。

前章のケーキ作りの例えを思い出してほしい。要求の全体を満たすホールケーキの設計図をしっかり描いたにもかかわらず、できあがったときにはもうそのケーキを食べたいと思っている人がいなかった、ということになる。

ゴールを共有した開発

次に、アジャイルが目指す新しいビジネスの形を40ページの図2-3に描く。

この図では、市場、ビジネス、ITの3者が入れ子になっている。ITのゴールは仕様を満たすことではなく、ビジネスとしての効果を上げることだ。そして、要求を実現してリリースするサイクルは、1週間から1ヶ月という短期。この間で実際に動くものを作って市場の反応を見る。そして、次の優先順位を決めながら開発を進めることになる。このような開発手法は、Webのサービス開発、スマートフォンのアプリなどを考えると容易に想像できると思う。スピード重視なのだ。まったくユーザーからのフィードバックなしに1年間開発投資を続けることはありえない。これらのサービスでは、コアとなる機能を作って先にリリースしてしまい、市場やユーザー

図2-3 ゴール共有型ビジネス

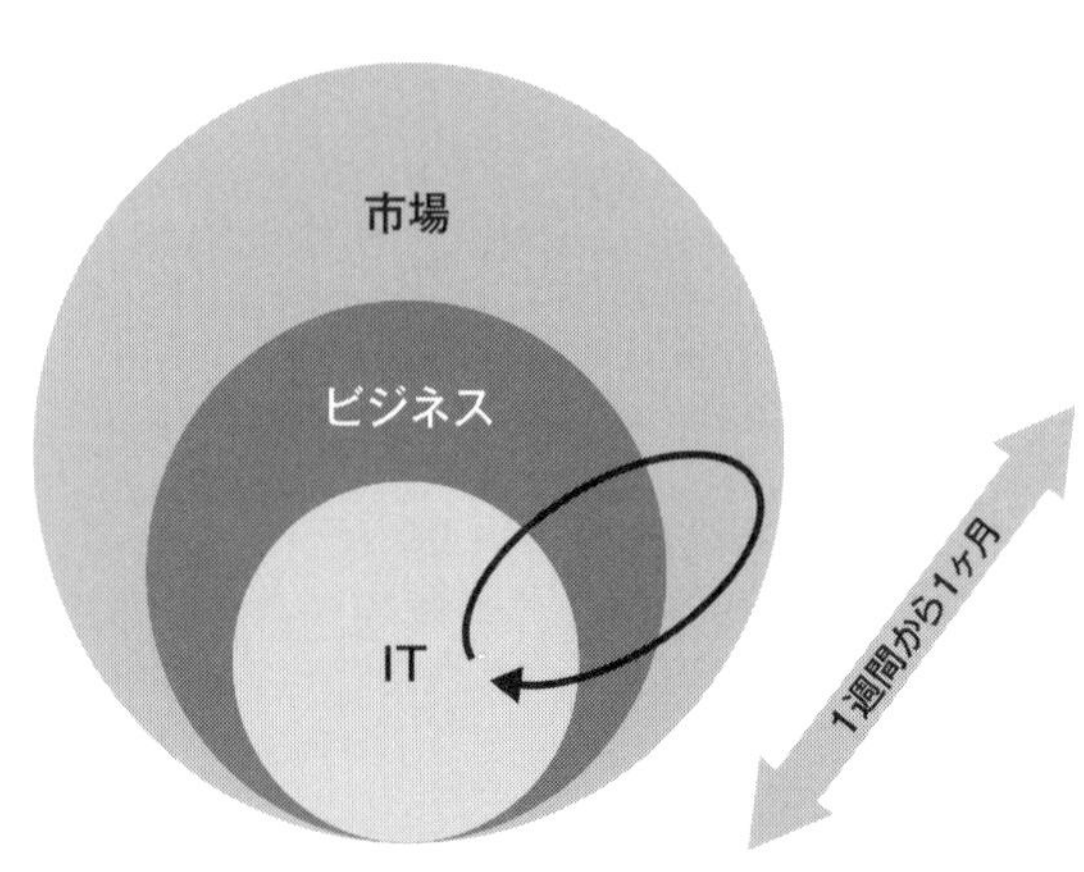

の反響を見ながら人気が出そうな部分を中心にさらに投資をする、という資金投入のやり方をとる。この分野ではアジャイル開発は最も自然な手法だといえるだろう。

しかし、アジャイル開発が広まっているのはこの分野だけではない。従来適用が難しいと考えられていた、通常の業務システム、基幹システム、組み込みシステムにまで、アジャイル開発は浸透し始めている。

アジャイル採用の動機は「スピード」と「変化への対応」

では、実際にアジャイルを採用した組織は、どういう目的を持っていたのだろう。

図2-4は、アジャイル開発管理ツールを開

図2-4 アジャイルの採用動機（2020年VersionOne資料[1]をもとに作成）

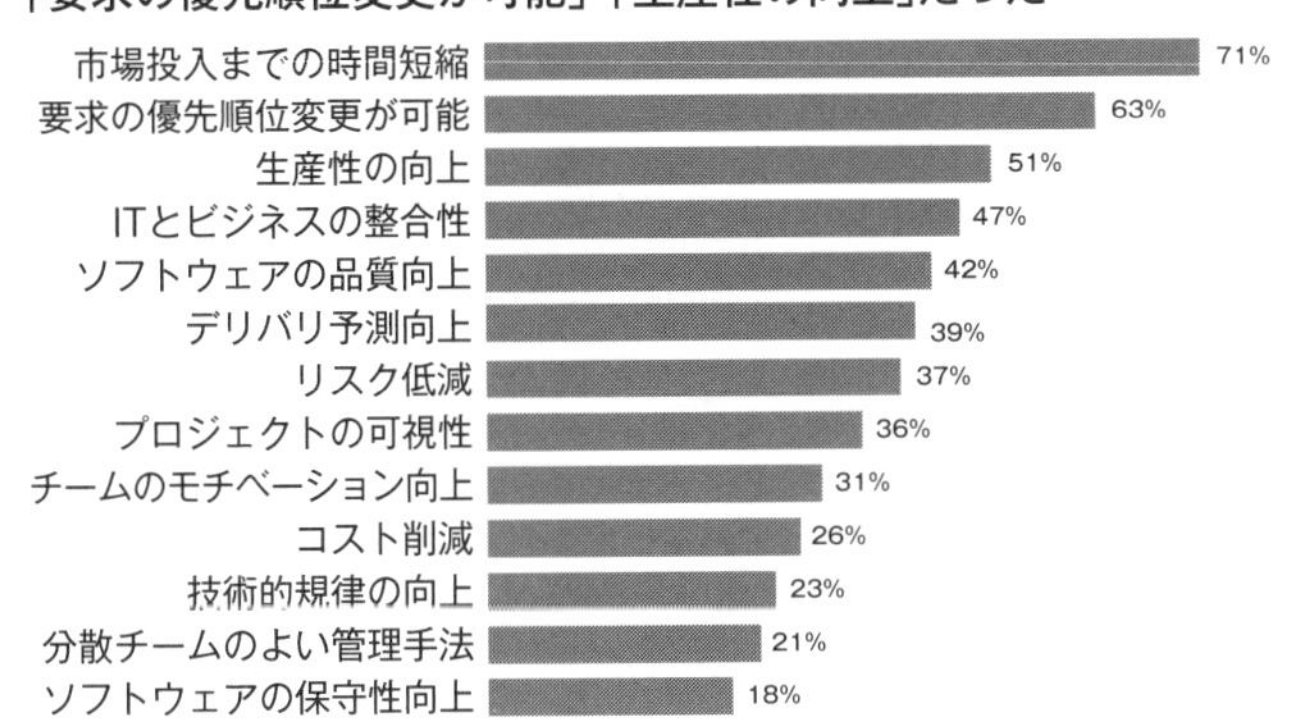

発・販売しているVersionOne社が、2006年から毎年行っている調査の2020年における結果[1]だ。ここでは、既にアジャイルを採用しているチームがその採用動機について答えており、「市場投入までの時間短縮」「要求の優先順位変更が可能」が上位にきている。これは、変化の激しいビジネスの現状から、スピード重視で製品やサービスを市場に投入する必要性、競合製品などの市場環境に応じて柔軟に要求の優先順位を変える能力の必要性を表しているといえる。

また、同調査によると、数あるアジャイル開発の方法論の中で、スクラムの占める割合が半分以上であり、スクラムとその他のハイブリッドを合わせると全回答者の77%がスクラムを採用しているという（42ページ、図2-5）。ここからも、現在のアジャイル開発の中でスクラムが主に採用され

図2-5 採用したアジャイル方法論（2020年 VersionOne資料[1]をもとに作成）

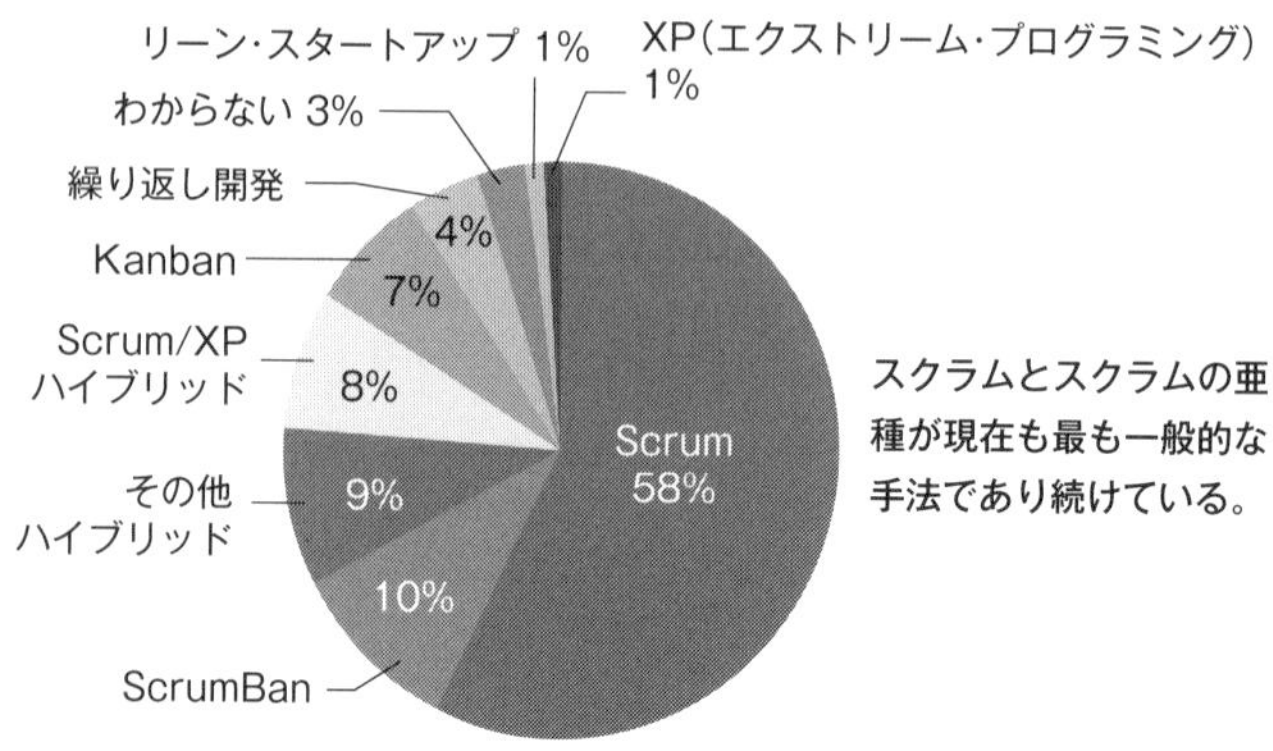

ている事実がわかる。

では、次の章で実際にアジャイル開発とスクラムを解説していこう。

本章のまとめ

1 アジャイル開発が浸透してきた背景には、ビジネスの変化の速さがある。

2 アジャイル開発では、ビジネスとＩＴがゴールを共有する。

3 アジャイル開発では、すばやくユーザーや顧客のフィードバックを得ることで、ムダな機能を作ることを防ぎ、市場投入のスピードを上げ、ビジネスの投資対効果を高める。

COLUMN

従来手法の何が問題なのか？

いわゆる「ウォーターフォール」と呼ばれる従来手法の問題点を、ジェフ・サザーランドは以下のように指摘している（『Scrum Handbook』[2]の〝伝統的ソフトウェア開発の何が問題なのか？〟というコラムを筆者が意訳）。

典型的なウォーターフォールには、以下のような特徴がある。

1. 最初に、綿密な計画が作成される。計画では、最終製品が注意深く検討・設計され、そして詳細に文書化される。
2. 計画を実施するために必要な作業が決定され、作業は「ガントチャート」や「マイクロソフトプロジェクト」のようなツールを使って作られる。見積は、展開された詳細見積の積算となる。
3. ステークホルダーが計画を詳細にレビュー・承認した後で、チームが開発に着手する。
4. チームメンバーは各自が担当工程を受け持ち、作業が完了すると次の工程の担当者に成果物を手渡す。
5. 開発が完了すると、製品は一旦品質保証を担当する組織に納品される。そこで最終顧客への納品前にテストを行う。ここでは、最初の計画・設計通りに作られていることを保証するために、全工程を通じて計画からの「ずれ」で管理される。

このアプローチには、利点と欠点がある。利点は、非常に論理的である、ということだ。作る前に十分検討し、文書化し、計画に従い、すべてをできるだけ体系的に管理しようとする。しかし唯一の欠点は、このプロセスに「人間」が関与していることだ。このために、多くの問題が起こる。

人の創造性を奪ってしまう

このアプローチでは、途中で計画外のよりよいやり方が見つかっても採用できない。すべてのよいアイディアは、プロジェクトの最初で計画化する必要がある。しかし、みんな知っているように、現実にはよいアイディアは工程の途中で見つかることが多く、ときには最終リリースの1日前に見つかることだってある。変更を認めないプロセスは、こういったイノベーションの機会を潰してしまう。ウォーターフォールにおいては、最後に見つかった素晴らしいアイディアは、幸運ではなく、むしろ脅威となる。

文書によるコミュニケーションには限界がある

ウォーターフォールでは、情報の伝達手法として文書化が重要な手段と位置付けられる。もし、頭の中にある情報をできる限り文書に書き出すことができれば、ほかのチームメンバーの頭の中にそれをより確実に再現できる、と考えるのは非常に合理的な仮定だ。そして、紙に書いた文書は、仕事を完成させたという物理的な根拠となる。しかし現実には、詳細に記述された仕様書、というのはなかなか読まれないし、その中には間違いや誤解が含まれている。文書化されたドキュメントは、頭の中にある思考の「不完全なコピー」である。そして、別の人がそれを読んで頭の中に「再生」することで、元の思考とは2段階離れたものを生み出してしまうのだ。ときに重大な誤解が起こるのも、不思議ではない。

悪いタイミング

製品に触れたときに、初めてよいアイディアが思いつくことはないだろうか？　ちょっと触ってみると、具体的な改善点が20も思いつく。しかし不幸なことに、この重要なひらめきは、変更が難しい製品開発の最後の段階で起こる。別の言葉でいうと、この段階は、従来のウォーターフォール型開発では、変更が一番高価な「悪いタイミング」なのだ。

未来を読む水晶玉はない

人間は、未来を予想することができない。例えば、競合企業が突然新製品のニュースリリースをする。予期していなかった技術的問題に不意に出くわし、計画変更を余儀なくされる。人間は遠い将来の不確実なことがらを計画するのが、本当に不得意なのだ。8ヶ月先の1週間の過ごし方を、今考えることを想像してみてほしい。それは空想に過ぎない。これが、これまでうまくいかなかった、詳細に作られたプロジェクト計画の欠点だ。

仕事が楽しくない

工程を追って順に仕事を進めるやり方は、仕事を渡す側と受ける側の間に敵対関係を生み出す傾向にある。「仕様に書かれていないことをやってほしいと言うのです」「簡単に気を変えないでほしい」「自分にコントロールできないことに対して、私は責任が持てません」などなど。ウォーターフォールの開発を観察すると別の発見がある。そう、仕事が楽しくないのだ。ウォーターフォールの開発モデルは、製品づくりに携わる人々のモチベーションをそぐ原因になる。そして、その結果できた製品は、作った現場開発者の創造性、スキル、そして情熱を表現したものにはならないのだ。人はロボットではない。だから、人にロボットのように働くことを求めるプロセスは、介在する人々を不幸にする結果になる。

部分最適化

変更を拒むプロセスからは、平凡な製品しか生まれない。顧客は最初に望んだものは得られるかもしれないが、一度できあがった製品を見た後でも、それは本当にほしいものだといえるだろうか？　いや、見た後できっと新たな要望が出てくるはずだ。事前にすべての要望を集めて固定してしまえば、製品はどんなによくても「最初のアイディア」以上にはならない。関わる人々が開発の中で学んだり発見したりした新しい知識をもってすれば、それ以上のものができるはずなのだ。

ウォーターフォール型の開発を行ったことがあれば、これらの欠点を何度も経験しているはずだ。しかし、ウォーターフォールが極めて論理的であるため、「もっと上手にやっていたら、うまくいったはずだ。もっと文書化し、変更を最小限に抑えれば、すべてもっとスムーズにいくはずだ」と思い込んでしまう。残念ながら、多くのチームでは逆の結果になる。しっかり管理すればするほど、さらに悪い結果になるのだ。

ジェフはこのようにウォーターフォールに対して多少批判的、挑発的に書いている。しかし冷静に捉えると、事前に十分に計画ができるような領域では「計画―実行」型の予見的なプロセスが可能であり、逆に変化が激しくて要求が不安的な領域では、「計画―実行―検査―適応」（小さなPDCA）を繰り返す経験的プロセスが有利である、と考えるのがいいだろう。そして、ビジネス環境の不確実性が高まり、スピードが重視される現代では、確かに多くのソフトウェア開発で経験的プロセスであるアジャイルが有利な場面が増えてきたのだ。

第3章 スクラムとは何か？

先に書いたように、一口にアジャイル開発といっても実際には複数の手法が存在する。その代表格がスクラムだ。ここでは、スクラムについて概説していきたい。本章は解説が技術的になるため、難しく感じられた方は第2部「アジャイル開発とスクラムを実践する」の事例を先に見ていただくことをおすすめする。

スクラムはなぜ開発されたのか

ソフトウェア開発手法としてのスクラムは、1990年代前半にケン・シュエーバーとジェフ・サザーランドによって開発された。この手法の開発動機はソフトウェアの開発プロジェクトが「成功率が低く、管理者はいつも不機嫌で、開発者は常にプレッシャーにさらされ、顧客は不満足である」という状況を何とかしたいという情熱だ（第10章231ページ、「インタビュー　ジェフ・サザーランド氏」参照）。

本質的な複雑さを持つソフトウェアを、「予見的」に管理・制御しようとするウォーターフォールはうまくいかないという現実から（44ページ、コラム「従来手法の何が問題なのか？」参照）、複雑系の適応制御理論、IBMの外科医チーム、ゼロックスのParc研究所（アラン・ケイ）、超高生産性を上げている開発チーム分析（ジム・コプリーン）などを調査し、「経験的（エンピリカル）」な反復・漸進型のプロセスとしてスクラムを形式化した。

ウォーターフォールが予見的プロセスであるのに対比して、スクラムは経験的プロセスである。未来を予見するのではなく、反復によって実際の測定に基づく知識を獲得していく。そのためには、「透明性」を確保しながら「検査と適応」を繰り返す必要がある。

スクラムの正式なルールについては、スクラムガイドを参照してほしい。スクラムガイドは2010年に書かれ、現時点では2020年11月が最新版となっている。[1]なお、当初スクラムはソフトウェア開発を対象として考案されたが、2020年版ではその前提を外し、チームで成果を作っていく活動全般に広く適用できるようにシンプル化されている。

図3-1 スクラムの流れ（イベントと作成物）

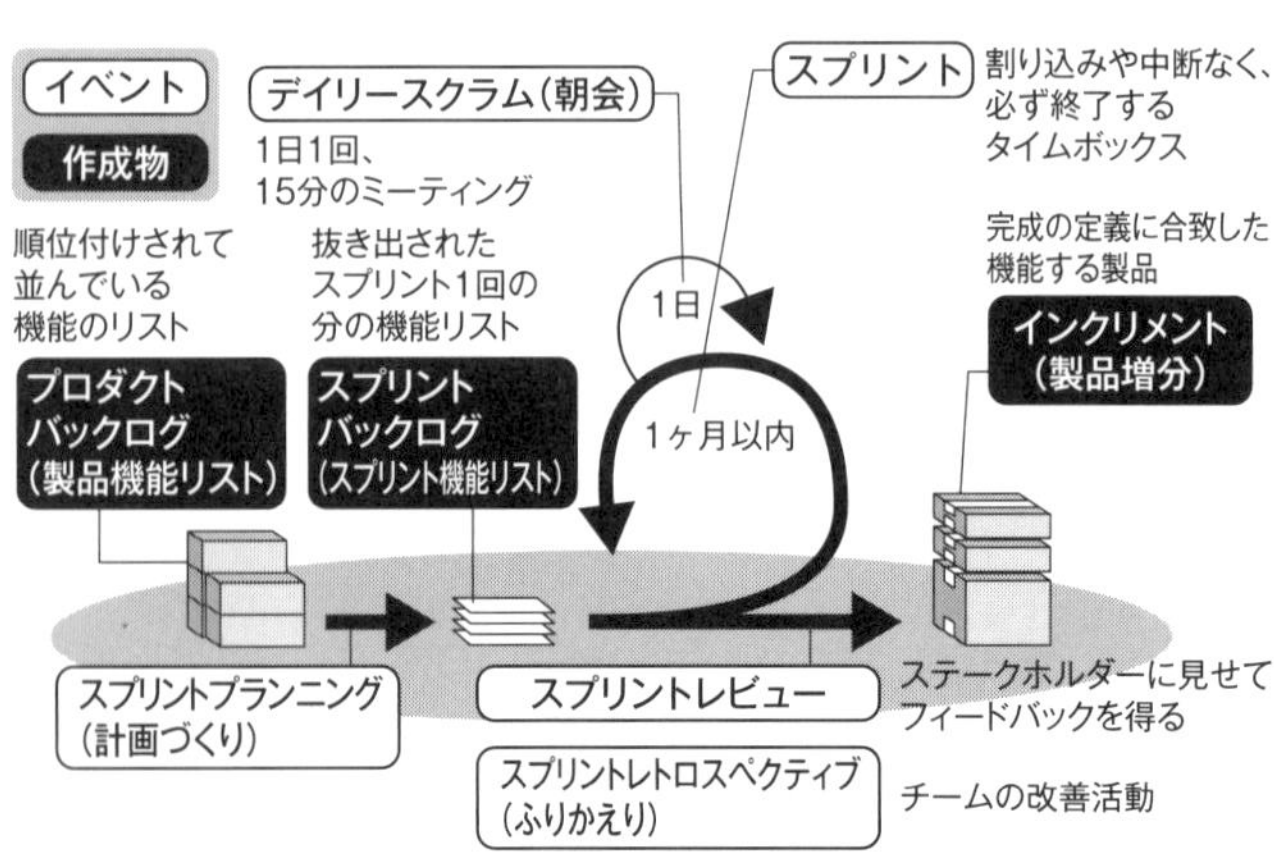

スクラムのプロセス

スクラムの基本的な開発の流れ（プロセス）を図3-1に示す。

アジャイルでは、1〜4週間の期間を区切って開発を行い、それを繰り返すことで製品を成長させる。この繰り返し期間をアジャイルでは「イテレーション（反復）」と呼び、スクラム用語では特に「スプリント」と呼ぶ。スプリントの長さは1ヶ月以内で、製品や活動の性質に応じて設定される。また、ソフトウェア開発以外の文脈でも、「開発」を活動、「製品」を活動の成果と広く捉えて読んでほしい。

図3-1の左にある「プロダクトバックログ（製品機能リスト）」は、開発するべき製品の機能リス

トだ。ここから、1つのスプリントで開発する分量だけ取り出したものを「スプリントバックログ（スプリント機能リスト）」と呼ぶ。チームはこのスプリントバックログを製品に機能として追加し、機能する状態にまでスプリント期間内で持っていく。このようにスプリントを繰り返すことで、製品をいつでも機能する状態を保ったまま成長させる。

スクラムは非常に薄い「マネジメントの枠組み」といわれる。決められているのは、チーム全体が協働するためのコミュニケーションのルールだ。この決め事を、「責任」「イベント」「作成物」の側面から説明しよう。スクラムの全体像はこんなにシンプルだ（54ページ、図3‐2）。

3つの責任

スクラムで決められている役割は、「プロダクトオーナー」「開発者」「スクラムマスター」の3種類のみである。これら全体を、「スクラムチーム」と呼び、3つの責任が協調することで、大きな効果が得られる。

プロダクトオーナー

開発において行う投資に対する効果（ROI）を最大にすることに責任を持つ。チームに最も

図3-2 スクラムの「枠組み」

分類	呼び名	説明
責任	プロダクトオーナー	何を開発するか決める人
	開発者	実開発に携わる人々
	スクラムマスター	全体をリード・支援する人
イベント	スプリント	開発の反復単位
	スプリントプランニング（計画づくり）	スプリント内で行う開発の計画を作るミーティング
	デイリースクラム（朝会）	毎日行われるミーティング
	スプリントレビュー	スプリントの最後にステークホルダーを交えて行われる意見交換とフィードバックミーティング
	スプリントレトロスペクティブ（ふりかえり）	スプリントの最後に行われる開発の改善活動ミーティング
作成物	インクリメント（製品増分）	スプリント内で完成された製品の増加分（完成の定義に合致している）
	プロダクトバックログ（製品機能リスト）	順序付けられた製品の機能リスト（プロダクトゴールを含む）
	スプリントバックログ（スプリント機能リスト）	スプリント内で開発する機能リスト（スプリントゴールを含む）

価値の高いソフトウェアを開発してもらうために、製品に必要な機能を定義し、その機能を順位付けする。機能はプロダクトバックログというリストになっている。バックログへの追加、削除、順位付けは、プロダクトオーナーに最終的な責任がある。また、プロダクトオーナーには、開発者に機能を説明して理解してもらう責任がある。もちろん、製品のゴールを示すことも大切な仕事だ。プロダクトオーナーは1人の人間が担当し、委員会のような合議制の体制にしてはいけない。

開発者

実際に開発を行う人々のことである。スクラムでは、ビジネスアナリスト、プログラマー、テスター、アーキテクト、デザイナーなどの明

図3-3 スクラムチームと責任

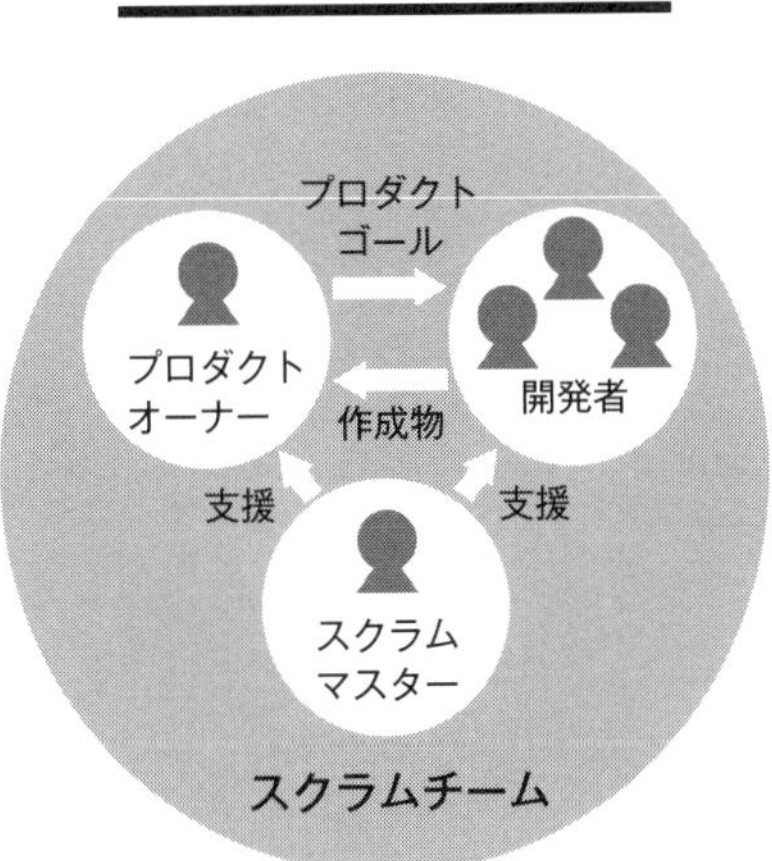

示的な区分けはない。もちろん、個人の専門分野はあってよく、むしろ強みを持ち寄り、その垣根を越えて貢献し合う。機能横断的に様々な技能を持った人が製品を中心に集まり、自律的に行動する。開発者はバックログに入っている項目を完了状態にし、製品の価値を高めていくことに責任を持つ。

スクラムマスター

スクラムチーム全体が自己管理型で協働できるように、またスクラムが有効に機能するように、奉仕するリーダーである。ときにはコーチとなってメンバーの相談に乗ったり、チームが抱えている問題を取り除いたりする。スクラムマスターは、スクラムチーム全体をマネジメントするが、コントロール型の管理を行うのではなく、チームを支援する責任を持つ。そのために、チームを外部の割り込みから守り、チームの障害を取り除くために外部との交渉を行う。また、製品のゴール作りやバックログ管理について、プロダクトオーナーを支援する。つまり、スクラムマスターはスクラム全体をうまく回す責任を持つとともに、チームが成果をあげることに責任を持つチーム内コーチであるといえる（55ページ、図3-3）。

スクラムマスターは、プロジェクト全体をマネジメントする仕事なのだが、指揮命令するのではない。むしろ、メンバーが動きやすいように障害物をどけて回る役回りで、奉仕型のリーダーだといえる。そして、開発のやり方に関する決定はスクラムマスターではなく、チームが行う。スクラムマスターが細かい指示を出すのではなく、自分たちで決めながら動く自己管理型のチームを作ることが、生産性を上げる鍵だ。

スクラムではこの自律したチームのことを「自己管理された」チームと呼ぶ。これには、スクラムチームを含む組織全体が「コマンド―コントロール」型の文化から、「リーダーシップ―コラボレーション」型の文化へと意識改革していく必要もある。

5つのイベント

次に、スクラムで定義されている5つのイベントを紹介する。「スプリント」「スプリントプランニング（計画づくり）」「デイリースクラム（朝会）」「スプリントレビュー」「スプリントレトロスペクティブ（ふりかえり）」である。順に説明しよう。

スプリント

スクラムは反復を繰り返す開発プロセスである。この反復の単位を「スプリント」と呼ぶ。スプリントは1ヶ月以内の時間枠（タイムボックス）であり、予定されている機能が完成できなくても延長されることはない。この期間内で開発者は「スプリントバックログ（スプリント機能リスト）」の開発に集中し、機能する製品（インクリメント）を作り出す。

スプリントの中身は、次に述べる「スプリントプランニング（計画づくり）」「デイリースクラム（朝会）」「スプリントレビュー」「スプリントレトロスペクティブ（ふりかえり）」、そして実際の開発作業である。

スプリントプランニング（計画づくり）

スプリントの開始に先立って行われるミーティング。「プロダクトバックログ（製品機能リスト）」から今回のスプリントで扱う「スプリントバックログ（スプリント機能リスト）」を抜き出して決定する。プロダクトオーナーの優先順位に基づいて開発者が今回のスプリントで扱うバックログを抜き出し、スクラムチーム全体でスプリントのゴールに合意する。

開発者が計画を詳細化、タスクにまで分割する。スクラムチームはこのスプリントの中でここまでいける、という自信を持つことが大切である。

デイリースクラム（朝会）

開発者が全員の活動状況を共有し、スプリントゴールに対する進捗を検査して、前回のデイリースクラム以降に行った作業と、次回のデイリースクラムまでに行う作業を確認・調整する。「スタンドアップミーティング」とも呼ばれ、立ったまま毎日決まった時間に決まった場所で、15分の短い時間で行う。朝行うことが多いため、日本では「朝会（あさかい）」という呼び名で知られる。

スプリントレビュー

スプリントの終了時、関係者を呼び集めてできあがった製品のデモンストレーションを行い、フィードバックをもらう。スクラムチームにとっては自分たちが作ったバックログの項目が動いていることをアピールする機会であり、ほかの関係者にとってはスプリントがうまくいっていて製品が徐々に成長しているのを見る機会である。プロダクトゴールの実現を、ステークホルダーとワークショップの形式の中で、議論できる機会を作る。

スプリントレトロスペクティブ（ふりかえり）

スプリントレビューの後に行われる、今回のスプリントをふりかえる機会。日本では「ふりかえり」と呼ばれることが多い。ここではこのスプリントでうまくいったこと、うまくいかなかったこと、どうやったら次のスプリントでよりうまくできるかということについて話し合われる。これが、「検査と適応」の機会となり、チーム学習、チーム改善の活動となる。

スクラムでは、これら5つのイベントによってチームの繰り返しのリズムを作っている。「スプリント」という大きなリズム、その最初に「スプリントプランニング（計画づくり）」、最後に「スプリントレビュー」と「スプリントレトロスペクティブ（ふりかえり）」が行われる。そして、「デイリースクラム（朝会）」は毎日行われ、チームの鼓動を刻む小さなリズムとなる。

3つの作成物

スクラムの進行状況をわかるようにするために使われる作成物が3つある。順に説明しよう。

プロダクトバックログ（製品機能リスト）

製品へ追加する機能（機能のほかにインフラ整備や新技術の習得なども含む）のリスト。ユーザー（顧客）のわかる言葉で書かれている必要がある。このリストはプロダクトオーナーが管理する。後述する「ユーザーストーリ」の形式で書かれることが多い。順位付けされて並んでいることが重要で、例えば要求に高・中・低のような優先度を付けるわけではない。このリストは製品の開発が続く間変化し続け、維持される。

プロダクトバックログには製品の将来であるプロダクトゴールが示されている。

スプリントバックログ（スプリント機能リスト）

プロダクトバックログから抜き出された、今回のスプリントで追加する機能のリスト。スプリントプランニング（計画づくり）でプロダクトオーナーの求める優先順位とチームが見積もる機能ごとの大きさの両方の情報を併せて抜き出される。このリストは1回のスプリントにだけ使用される。

スプリントバックログにはスプリントゴールが示される。

インクリメント（製品増分）

1回のスプリントの成果であり、スプリントで完了した製品の機能（今回のスプリントとこれまでに完成した機能の全体）。スプリントの終わりにはインクリメントが機能する状態である必要があり、これをスプリントレビューでレビューする。すなわち、インクリメントは完成の定義を満たした状態でなければならない。

スクラムは「枠組」。中身も大切

このように、スクラムは「責任」「イベント」「作成物」からなる非常にシンプルな開発の枠組みだ。そのため、ソフトウェア開発以外のクリエイティブな活動にも活用できる。しかし、実際の活動では、もっといろいろな決め事やプラクティスを導入する必要がある。それらは、チームが自律的に選択して取り入れてよい。むしろ、アイディアを試してみてうまくいったものを採用していくという改善活動もスクラムには含まれている。スプリントレビューの後に行われる「スプリントレトロスペクティブ（ふりかえり）」がそれを支援する活動だ。問題の対策や、うまくいった解決策を取り入れ、チームで自分たち自身の活動を作っていく。

もちろん、実際にスクラムを実践してソフトウェア開発を行うには、この枠組だけでは足りない。ソフトウェアのプログラミング、設計、テストに関する経験と知識、よいユーザー体験（UX）を作る経験と知識、データベースやモデリングに関する経験と知識、開発環境やツールに関する経験と知識などが必要なのはもちろんである。これらは、ウォーターフォール、スクラム、といった開発手法によらず、必要なスキルである。

これらに加えて、アジャイル開発特有の活動（プラクティス）が必要になる。例えば、どのようにバックログ項目の内容を書くか、どのようにバックログ項目を見積もるか、どのようにスクラムチームでスプリント状況を共有するか、どのようにプログラミングするか、などである。これについては、次章「アジャイル開発の活動（プラクティス）」で解説する。

最後に、スクラム未経験の組織で新しく実践するには、チーム外部との摩擦が起こることを覚悟しなければならない。それは、契約、管理、教育、人事評価、企業文化、といった既存の制度との不整合が起こるからだ。スクラムを新しく始めるには、スクラムチームを含む組織（事業部門や会社全体）までを変えていく覚悟と情熱が必要になるだろう。

次の章にて、より詳しい活動内容について述べていきたい。

本章のまとめ

1. スクラムは、アジャイル開発の1手法である。
2. スクラムは、予見的プロセスではなく経験的プロセスであり、実際にやってみた結果を見ながらチームを適応させていく。
3. スクラムは、3つの「責任」、5つの「イベント」、3つの「作成物」で定義された、マネジメントの枠組みである。
4. スクラムチームの責任は、「プロダクトオーナー」「開発者」「スクラムマスター」の3つで構成されている。
5. スクラムマスターは、トップダウンの管理的マネジメントをするのではなく、スクラムチーム全体を支援し、チームと組織にスクラムが確立されることに責任を持つ。
6. スクラムでは、スプリントごとに機能する製品を開発し、その製品とプロセスの両方について「検査と適応」を繰り返す。
7. スクラムを効果的に実践するためには、スクラムチームを含む組織全体が「コマンド─コントロール」型から「リーダーシップ─コラボレーション」型の自律した組織に変わる必要がある。
8. スクラムを実践するには、組織を変えていく情熱が必要である。

COLUMN

2020スクラムガイド改訂とスクラムの3つの罠

永和システムマネジメント AgileStudio
木下史彦

2020年11月に『スクラムガイド』が改訂された。前回の改訂が2017年だったので3年ぶりの改訂である。この改訂による変更点の多くはスクラムに対しての誤解されやすいポイントをよりクリアに記載したという点にあり、スクラムそのものが大きく変わったわけではない。

裏を返せば、スクラムに対する誤解により、スクラムを適切に実践できていない組織やチームが多かったということがいえる。このコラムではスクラムの実践において陥りやすい「3つの罠」とそれらに対する対処法について解説する。

1．スクラムが形式的、儀式的になってしまっている

2020年版のスクラムガイドではスクラムのやり方に関する具体的な記載（ハウツー）が大幅に削除され、より抽象的な表現になっている。

これは、目的を理解せずに表面的にスクラムの進め方をなぞるだけというチームが増えているためである。デイリースクラム（朝会）を例に取り上げると、参加者が形式的に状況を報告するだけになっているチームがある。デイリースクラムの目的は状況に合わせた再計画であるため、形式的な報告だけではいけない。

スクラムガイドの表紙には「ゲームのルールブック」と書かれている。スクラムガイドがルールブックなのであれば、それぞれのチームに合わせた「プレイブック」（実際の運用戦略）を作ることをおすすめする。事例やガイドをそのまま実行するのではなく、目的を踏まえた上で自分たちの組織に合わせてどのように実践していくのかを議論し考えていくことが重要なのである。

2．プロダクトオーナー VS 開発チームの構図に陥ってしまっている

2020年版のスクラムガイドではチーム内の分断をなくし「ワンチーム」になることが強調されている。これまでの「開発チーム」という用語を改め、一体化した「スクラムチーム」が唯一のチームである。開発を担当するのは「開発者」とすることによって、スクラムチームの内側に開発チームが存在するというチームの入れ子構造を解消している。また、スクラムの

重要なコンセプトである「自己組織化」に関して「開発チームの自己組織化」から「スクラムチームの自己管理」へと主体がスクラムチームに変わっている。

これは、プロダクトオーナーと開発者が対立構図になることが多かったためである。例えば以下のような例が挙げられる。

・スプリントの計画を行う際に、プロダクトオーナーと開発者の間で駆け引きが発生する（プロダクトオーナーが詰め込もうとする、開発者が防御的になる）。
・プロダクトオーナーがプロダクトバックログを作成し、開発者は単にプロダクトオーナーに言われたものを作るだけになっている。

スクラムが役割を3つに分けているのはそれぞれの仕事に線を引くためではない。「計画」と「実行」を分離してしまってはスクラムの意味がない。そんなやり方は本末転倒である。

スクラムでは役割を越えて協力していくことが欠かせない。「あなたVS私」ではなく「問題VS私たち」の構図を引き出すことが重要である。「私たち」はもちろんスクラムチームだが、私たちが向き合う問題とは何なのかをチームが共通認識として揃えておく必要がある。

3．スクラムマスターがスクラム警察もしくは雑用係になってしまっている

スクラムマスターの定義として、2017年版で「サーバントリーダー」とされていた部分が、2020年版では「真のリーダー（true leader）」になっている。スクラムガイドの執筆者の1人であるジェフ・サザーランドによると両者は本質的には同じものだそうだ。では、なぜこのような変更が行われたのか。それは、サーバントリーダーが単にサーバントになってしまっていることが多かったためである。以下に例を挙げる。

・スクラムマスターがプロダクトの成果や組織の目標にコミットメントせず、スクラムのルールを守らせることだけに注力し、スクラム警察化している。
・スクラムマスターが雑用係（コーヒーやお菓子を買ってくる）になっている。
・スクラムマスターが単に会議の司会役になっている。

これらを解消するためには、「真のリーダー」が果たすべき責任を理解し、より高次の組織的な目標にコミットメントすることができるスクラムマスターの育成に力を入れることが重要になる。その方法のひとつとしてスクラムマスターの社内コミュニティを作ることが有効であ

る。スクラムマスター同士の横のつながりで組織的に学びや経験を共有していくことで、スクラムの活用が大きく推進される。

スクラムマスターの選任についても慎重になる必要がある。真のリーダーとしての資質とプロダクトの成果や組織の目標にコミットメントしていくための熱量を重視して選任していく必要があるだろう。

第4章 アジャイル開発の活動（プラクティス）

実際にアジャイル開発を実践するには、「プラクティス」と呼ばれる実施活動を知る必要がある。この章では、スクラムに限らずほかの手法も含めたアジャイル開発でのプラクティスをいくつか紹介する。この章も技術的詳細に立ち入るため、難しく感じられる方は、先に第2部に進んでいただきたい。

プラクティスは、歴史上、アジャイル開発の様々な手法から（スクラム以外からも）提案されてきた。特に技術的なプラクティスは、「XP」（エクストリーム・プログラミング）に由来するものが多い。

アジャイル開発手法としてスクラムを採用する場合、マネジメントのための必要最低限の枠組みとしてスクラムを利用し、それに加えてプラクティスを追加する。スクラムが「枠」だとすると、プラクティスは「粒」であり、これらの「粒」をチームが自分たちに合わせて集めて自分たちの手法を形作っていくのがよい。

そこで、実際にアジャイル開発を進めるときに必要になるプラクティスをいくつか解説したい（ただし、ここで紹介するものがすべてではない）。

インセプション・デッキ

インセプション・デッキとは、チーム結成時にプロジェクトの目的や目標、スケジュール、役割などの大切な情報を全員で確認・腹落ちするためのシンプルなドキュメントである。プロジェクトマネジメントの文脈で「プロジェクト憲章」と呼ばれていたものに近いが、十分にシンプルでカジュアルなものである。書籍『アジャイルサムライ』で紹介され、多くのチームの立ち上げ時に利用されている[1]。

内容は以下のようなものが典型的だ。

WHYを明らかにする

■我々はなぜここにいるのか　チームの目的。根幹に関わる理由
■エレベーターピッチ　1枚でプロダクトを説明する
■俺たちのAチーム　チームメンバーの役割と強みと期待
■パッケージデザイン　商品をイメージするデザインを作る
■やらないことリスト　やることだけでなく、このチームでやらないことをはっきりさせる
■「ご近所さん」を探せ　チームに関わるほかのステークホルダーをはっきりさせる

HOWを明らかにする

■技術的な解決策　今回利用するテクノロジー（言語、ライブラリ、ツールなど）
■夜も眠れない問題　いわゆる「リスクの特定」
■期間を明確にする　スケジュールに関すること
■トレードオフスライダー　品質、納期、予算、スコープといったものの、どれが重視されるか
■初回のリリースに必要なもの　リリースまでの期間やお金や人

チームやプロジェクトに関するＷＨＹとＨＯＷの両方で、理想はチーム全員で集まって項目をその場で埋め、議論することである。あらかじめ決まったこととして全部を伝える一方通行のやり方ではなく、決まっていることとその場で話すことの両方があるのが普通だ。

ユーザーストーリ

「ユーザーストーリ」はＸＰで提唱されたプラクティスで、ユーザーの言葉で書かれた機能の説明である。そのものではないが、従来の「要求仕様書」を置き換えるものだ。このユーザーストーリはアナログを重視し、紙のカードに書いて会話によって伝えることが推奨されている。スクラムでは、バックログ項目に対して、このユーザーストーリを書くことになる。

アジャイル開発では対話を重視している。ユーザーストーリは、従来の仕様書による情報伝達の欠点を補う手法として生まれた。従来の問題とはすなわち、完璧な仕様書で伝達しようとするあまり、どこまでも詳しく書くことになり、大きなドキュメントを抱えて「分析麻痺」に陥る問題だ。しかも、書き終えた頃には要求が変化してしまっている。そこで、できる限り簡潔にカードに要求を書き、残りはフェイス・トゥ・フェイスの話（ストーリ）で要求を伝える。カードに書かれた要求は、完璧な仕様ではなく、あくまで「会話のきっかけ」として使う。

書かれたカードは壁に貼っておくとよい。必要であればそのカードを壁からはがしてユーザーに持っていき、詳しい話をユーザーから聞き出す。例えば「このストーリですが最大の入力桁数はどれくらいを想定していますか？」とか「もし検索の結果がゼロの場合、どんな画面を出しましょうか？」と聞くのだ。

ユーザーストーリは、スクラムにおいてはバックログ項目ごとに書かれ、見積の対象でもある。チームはユーザーストーリを一つひとつ見積もる。見積には後述する「プランニングポーカー」という手法を使うことも多い。そして、チームの開発速度（ベロシティ）に合わせて、バックログの先頭から、次のスプリントでの開発項目を選び出す。

プランニングポーカー

スプリントプランニング（計画づくり）において、プロダクトオーナーが用意するプロダクトバックログから、今回のスプリントで開発する「スプリントバックログ（スプリント機能リスト）」を作る必要があり、その際に、バックログ項目の規模見積を開発者全員で行う手法の1つである。[2]「ユーザーストーリ」と組み合わせて使われることが多い。複数人の違った意見を、すばやくまとめる

図4-1 プランニングポーカーのカード（長沢智治・写真提供）

ことができ、見積の精度を上げると同時に全員の納得感を持つことができる。

実践するには、専用のカードを準備するとよい。このカードを使い、ポーカーのようにプレイする（図4-1）。全員で一斉に出すのがポイントで、人の意見に引きずられずに合意することでよい見積が得られる。

朝会（デイリースクラム）

開発者が全員の活動状況を共有するミーティングを毎朝15分で行う。これを、スクラムではデイリースクラムと呼ぶ。短時間で立ったまま行うことを習慣化するため、スタンドアップミーティングと呼ぶこともある。日本では、「朝会（あさかい）」という言葉がよく使われる。夕

図4-2 朝会の様子（チェンジビジョン astah* 開発チーム）

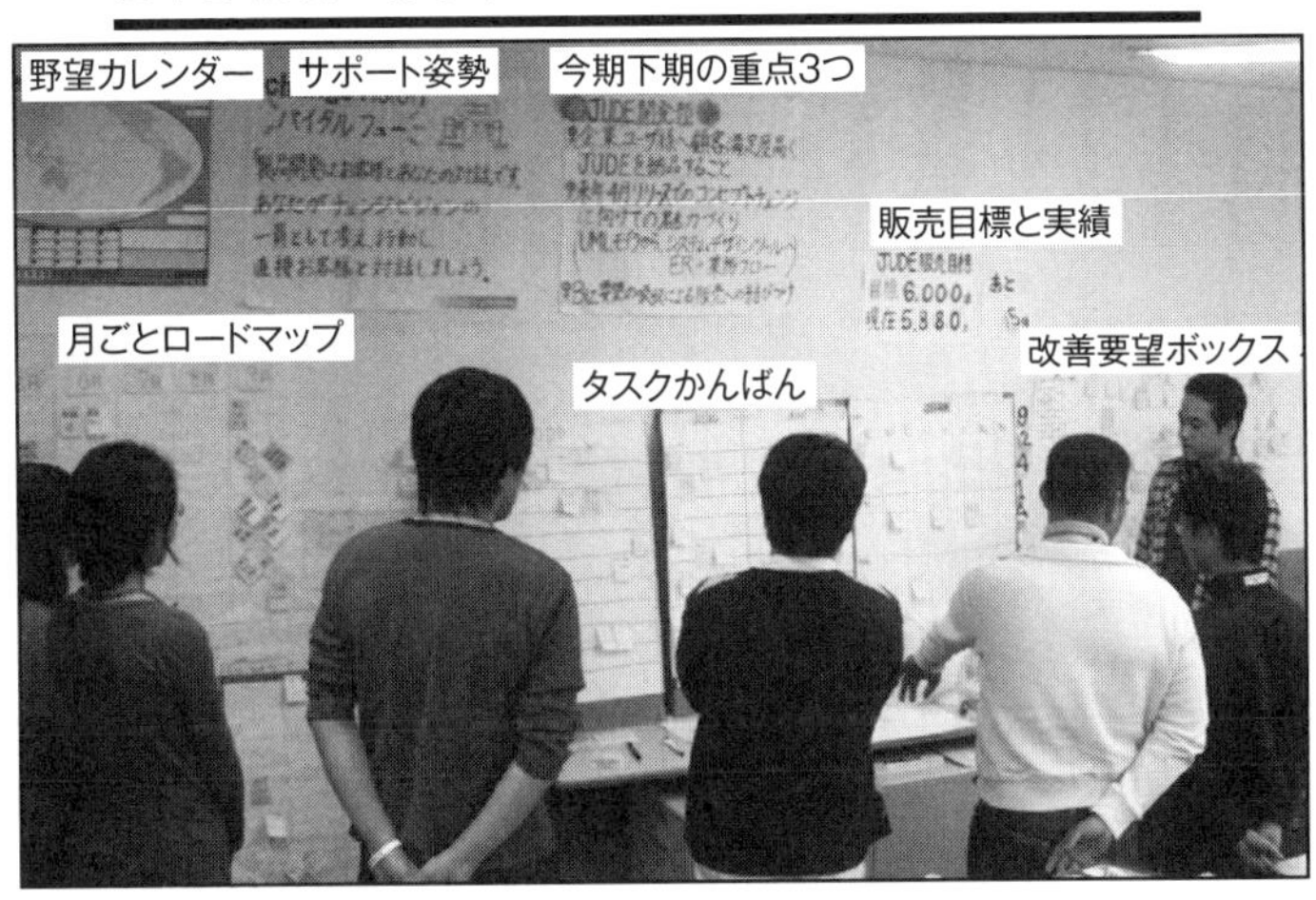

方に行うチームは「夕会（ゆうかい）」と呼ぶ場合もあるし、立ったまま行うので「たちっぱ」と呼ぶチームもある。

開発チームは、現在のプロジェクトの状況を壁を使って見える化し、チームで共有する。現在の状況を示す「タスクかんばん」（78ページ参照）や、「バーンダウンチャート」（80ページ参照）などだ。この貼り物がある場所で朝会を行うと、効果が高い。図4-2はその風景だが、チームで工夫した様々な貼り物が壁に貼ってあることがわかるだろう。

朝会では、各自が短く昨日やったこと、今日やること、障害になっていることの3つを報告する形式を取ることが多い。

朝会については、日本語で書かれたわかりや

図4-3 KPTを使ったふりかえり

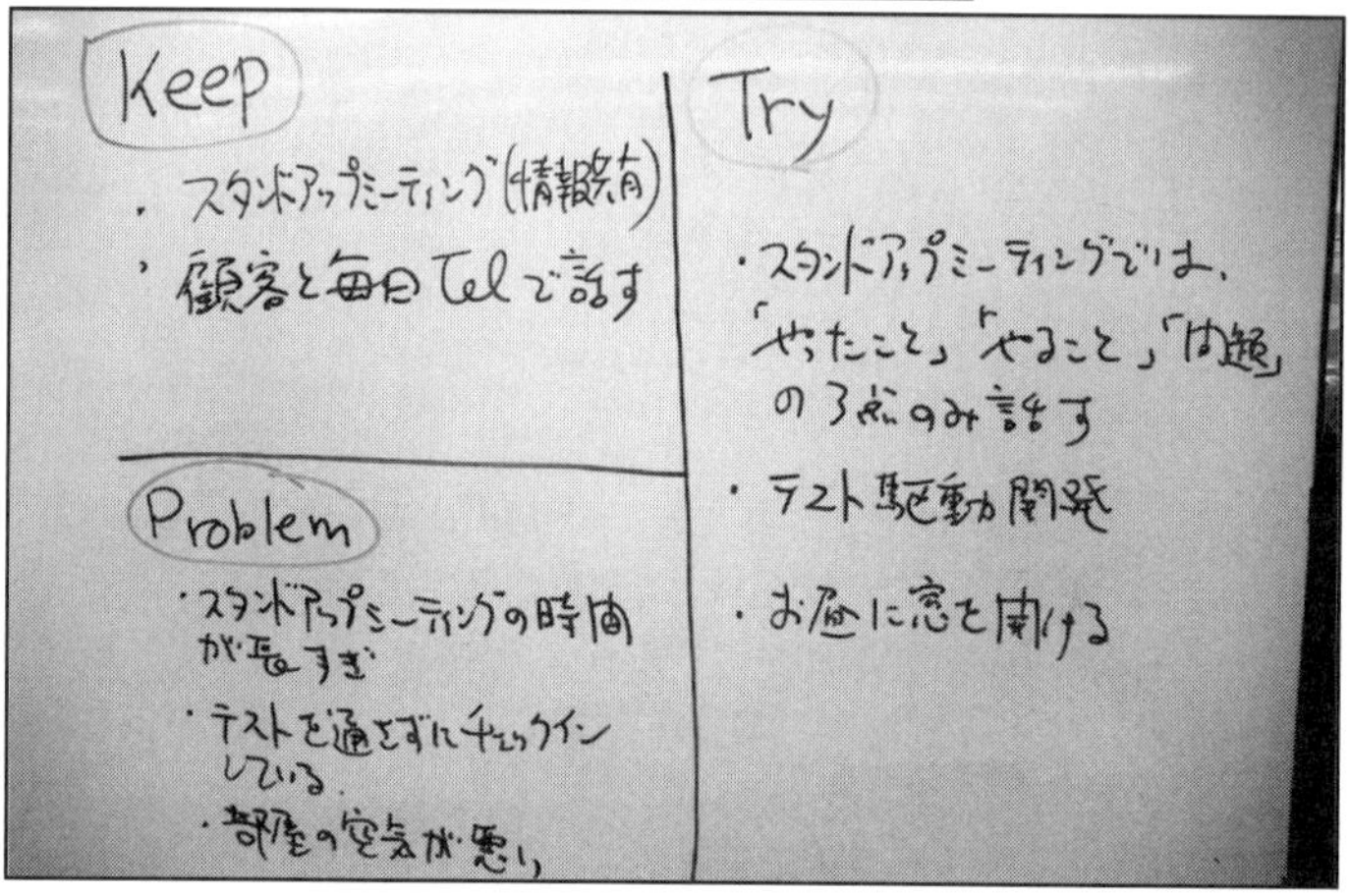

すい参考文書も多いので、ぜひ参照してほしい[3]。

ふりかえり（レトロスペクティブ）

チームで活動をふりかえり、よかったこと、悪かったこと、今後改善したいことなどを本音で話し合う機会である。「ふりかえり」、または「レトロスペクティブ」（回顧）と呼ばれ、スプリントの終了時に行われることが多い。また、製品のリリースの終了時や、ほかのイベントの終了時にも同様に行われる。デミング博士のPDCA（計画―実行―評価―改善）サイクルの「CA」の部分に相当し、アジャイル開発だけではなく、職場の仕事の改善活動と捉えてふりかえ

図4-4 KPTを自分たちのやり方として定着させる

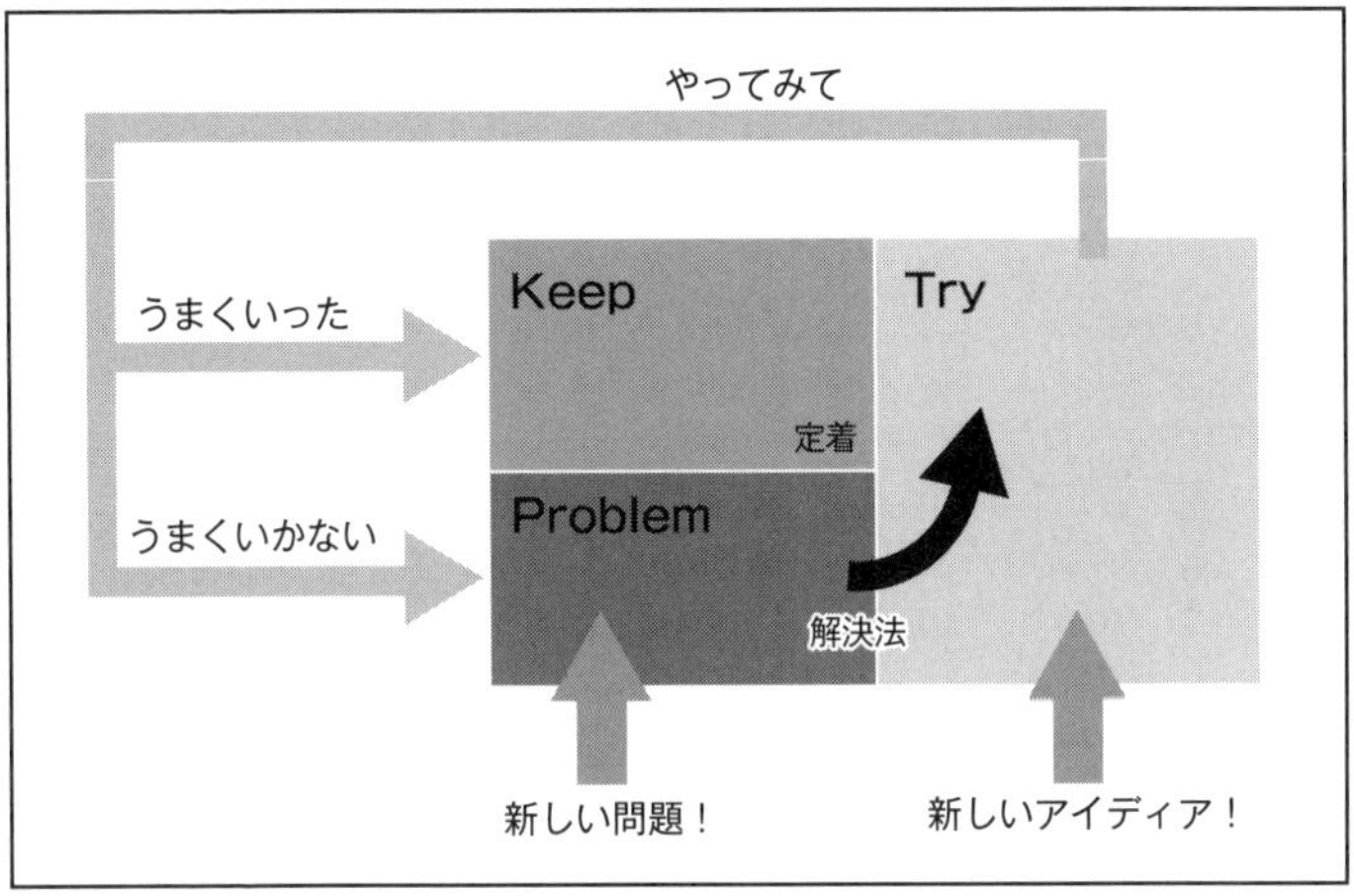

りを行っているチームも多い。

ふりかえりでは、チーム全体が1回の活動をふりかえって話し合い、「気づきを共有する」こと、「今後の活動に活かす」ことが主目的である。問題の責任追及や課題解決リストを作ることが目的ではないので、本音で話せる雰囲気と司会の進行が特に重要である。

ふりかえりの1つのやり方であるKPT（ケプトと呼ばれる）を紹介しよう。この手法は特に日本でよく用いられている。ホワイトボードや壁、模造紙を3区画に区切り、Keep、Problem、Tryとラベル付けする。Keepは「継続」の意味で、やってみて有効だとわかったこと、今後も続けたいことを全員で出す。これが終わったら、Problemに入り、今度は「問題」だったこ

図4-5 タスクかんばんの例（チェンジビジョン・写真提供）

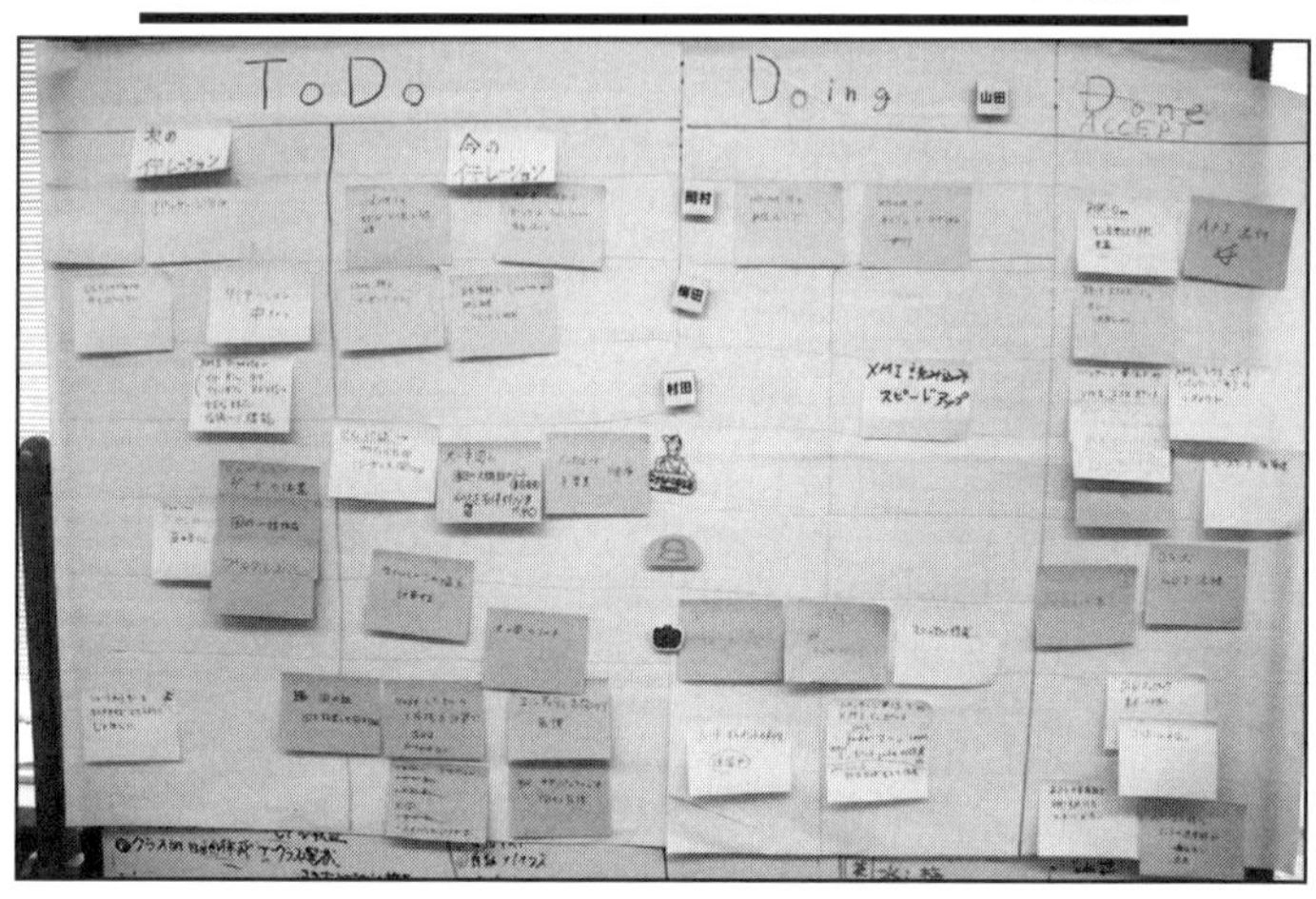

とを出していく。最後にTry、すなわち「試す」ことを挙げていく。これはProblemを解決する解決策であってもよいし、Keepの強化策、あるいはProblemに関係なくても改善として次回にやってみたい項目を出してもよい。

KPTのほかにもふりかえりの手法は多数ある。ふりかえりを主題として扱った書籍『アジャイルレトロスペクティブズ』[4]、および日本語で書かれたわかりやすい参考文書[5]も多いので、ぜひ参照してほしい。

タスクかんばん

「タスクかんばん」は、現在チームが作業しているすべてのタスクをカード（付箋紙）に書き出し、壁に貼って可視化したものである。典型的には、壁は3区画に分かれており、「ToDo（未実施）」「Doing（作業中）」「Done（完了）」とラベル付けされている（図4-5）。

スプリントプランニング（計画づくり）時に、チームは今回開発するために必要なすべてのタスクを洗い出して、それをToDoに貼る。そして、朝会において各自が自分の担当するタスクにサインアップし（割り当てではなく、自発的にタスクを取り、署名する）、Doingに移動する。そして、完了したらそれをDoneに移動する。これが基本だ。

これは非常に簡単で誰にでもわかるタスク管理であるが、それゆえにとてもパワフルだ。このボードを見れば、今のチームの状態が一目でわかる。ずっと動いていないタスクはないか？何か障害があるのではないか？　今回のスプリントは予定通りにいくだろうか？　誰か手の空いた人が助けるべき人はいないだろうか？

このボードは、多くの場合、顧客やユーザーのわかる言葉で書かれたバックログ項目のレベルで作ったものと、エンジニアの作業として細分化された「タスク」レベルで作ったものの2つで運用する。どちらか1つの場合もある。1回のスプリント内では、「タスク」レベルで運用されることが多いため、「タスクかんばん」と呼ぶことが多い。

デビッド・アンダーセンは、新しいアジャイル手法として、その名もKanbanという開発手法を提唱している[6]。これは、チームの中に流れている作業を可視化し、作業中のタスク量（WIP、

Work In Process）を制限することで「流れ」を作り、プロジェクトの中の仕掛品（在庫）を減らしながら、ボトルネックを見つけてスループットを上げようという手法である。

最近、アジャイル開発をサポートする多くのデジタルツールが存在する。チケット管理、バグ管理、タスク管理をＷｅｂを使って行うもので、まさに「かんばん」のような使い勝手のものも多数ある。これを導入し、インターネット越しにそれを共有する。しかし、これをプロジェクトの最初からやると、多くの場合うまくいかない。チームのコミュニケーションがうまく機能しないのだ。

推奨しているのは、まずプロジェクトのキックオフと最初の数イテレーション（スプリント）を、１ヶ所で行う。ここでアナログの「かんばん」に全員で慣れる。さらに、全員が顔を合わせることで、その後のコミュニケーションに重要となる信頼感を醸成する。そしてその後、それぞれの場所に分かれて、デジタルツールで情報共有するというやり方だ。

バーンダウンチャート

「バーンダウンチャート」は、チームがスプリント内での残作業量を確認し、現在の進捗と予

図4-6 バーンダウンチャートの例（永和システムマネジメント・写真提供）

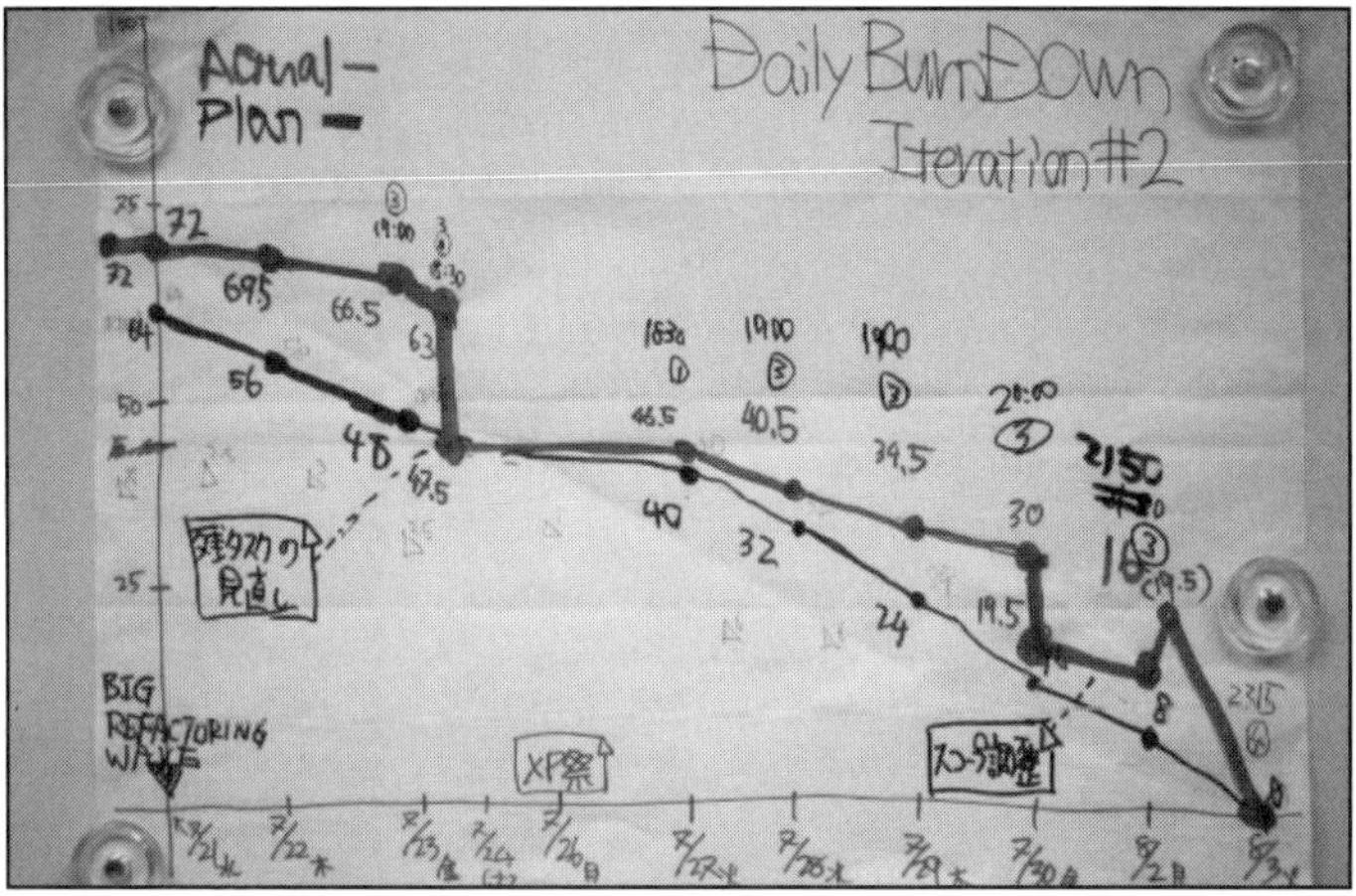

測を立てるためのツールである。スプリント内の残作業量を毎日記録していく。各タスクの作業量の単位には、「プランニングポーカー」や見積で使われる「ポイント」と同じく、相対的なポイント数が使われる。バーンダウンでプロットする数値はこのポイントを集計したものだ。タスクかんばんがスプリントのスナップショットを示しているとすると、バーンダウンチャートはスプリントが収束するかどうかの傾向（トレンド）を示しているといえる。下の細い線が「理想線」（計画線）で上の太い線が「残量線」（実績線）である。

スプリントプランニング（計画づくり）で、今回消化する作業量を左端にプロットし、スプリントの終了日に向けて、まっすぐに右下に向けて下がる線を理想線とする（図4-6では途中で休みを挟んでいるために平坦な部分がある）。毎日、デイリースクラム（朝会）において現在の「残量」（あとどれくらい作業が必要か）をプロットしていく線が残量線だ。これを見ると、予定通りにタスクが消化できそうかどうか、一目瞭然となる。

ここでも、アナログツールが活躍する。この種のグラフは表計算ソフトを利用するととても簡単かつ綺麗に描ける。それでもアナログで紙に書いて壁に貼ることを推奨する。悪い例は、「サーバーにエクセルの進捗表を置いておくので10時までに全員更新すること」という指示をメールで出し、グラフを自動生成するような管理だ。おすすめするのは、朝会後にバーンダウンチャートをフェルトペンと模造紙を使って手で更新し、確認する運用だ。現状をメンバー全員に共感を持って伝えることができる。デジタルツールを使いながら、あえて手書きにしているチームもある。

チームが1回のスプリントで完了できたポイント数を、そのチームの「ベロシティ」（開発速度）と呼ぶ。プロジェクトが始まって最初の数スプリントでは、開発がなかなか安定せず、見積通りに全作業を終了できないことも多い。その場合でも、その回のスプリントで消化できたベロシティを記録して次回のスプリントの開発総数の目安とする。

なお、ここで紹介したのは1スプリント内のバーンダウンチャートで、「スプリントバーンダウンチャート」と呼ぶ。このほかにも、リリースまでの収束傾向を示した「リリースバーンダウンチャート」がある。

ペアプログラミング／モブプログラミング

ペアプログラミングでは文字通り、2人1組になってペアでプログラミングを行う。XPのプラクティスの1つで、1台のPCを交互に使って行うのが基本形である。昨今ではデュアルディスプレイを使ったり、ネットワークと画面共有を使ったりして遠隔で実践しているチームもある。

ソフトウェア開発の中でも、プログラミング(コーディングとも呼ばれる)は単純作業ではない。業務の理解に始まり、一つひとつの変数や操作の名前を決めることや、その構造、アルゴリズムに至るまで、多くの設計判断が入り込むクリエイティブな活動である。また、ミスが起こりやすい作業でもある。刑事の捜査や航空機パイロットのフライト、スキューバダイビングなど、リスクが高い作業をペアで行うことは現実の世界にたくさんある。2人でプログラミングを行うことで、リアルタイムにレビューをしていく効果、また、コードの中に注入されていく知識を共有していく効果がある。別の視点からは、会話をしながら考えを共有することで、チームの一体感も高まるし、よいアイディアが出やすいという効果もある。

実際にキーボードを打っている方を「ドライバ」、横で一歩引いた視点から助言や質問を投げ

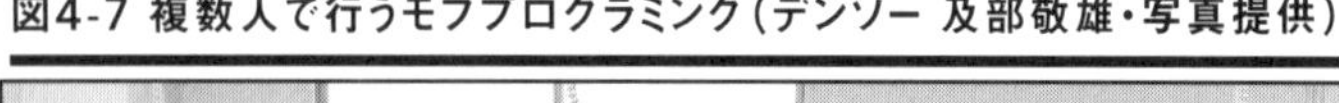
図4-7 複数人で行うモブプログラミング（デンソー 及部敬雄・写真提供）

る方を「ナビゲータ」と車の運転に例えて呼ぶ。ペアの交代は15分くらいの短い間隔で行われ、開発のメリハリやリズムも生まれる。特に、「テスト駆動開発」（86ページ参照）と組み合わせることでより会話を誘発するため、プログラミング活動を対話として捉えることもできる。

また、1人で書かれたコードは、その人しか読めないような職人コードになる傾向があるが、これを回避する効果もある。すなわち、リアルタイムにレビューしながらコーディングしている、という感覚だ。レビューを後回しにするのでなく、その場で行うことで、設計の間違いを早く見つける効果がある。

さらに、モブプログラミングという2名に限らずチームでプログラミングを行う活動も増え

図4-8 理想的なモビング環境(デンソー 及部敬雄・図提供)

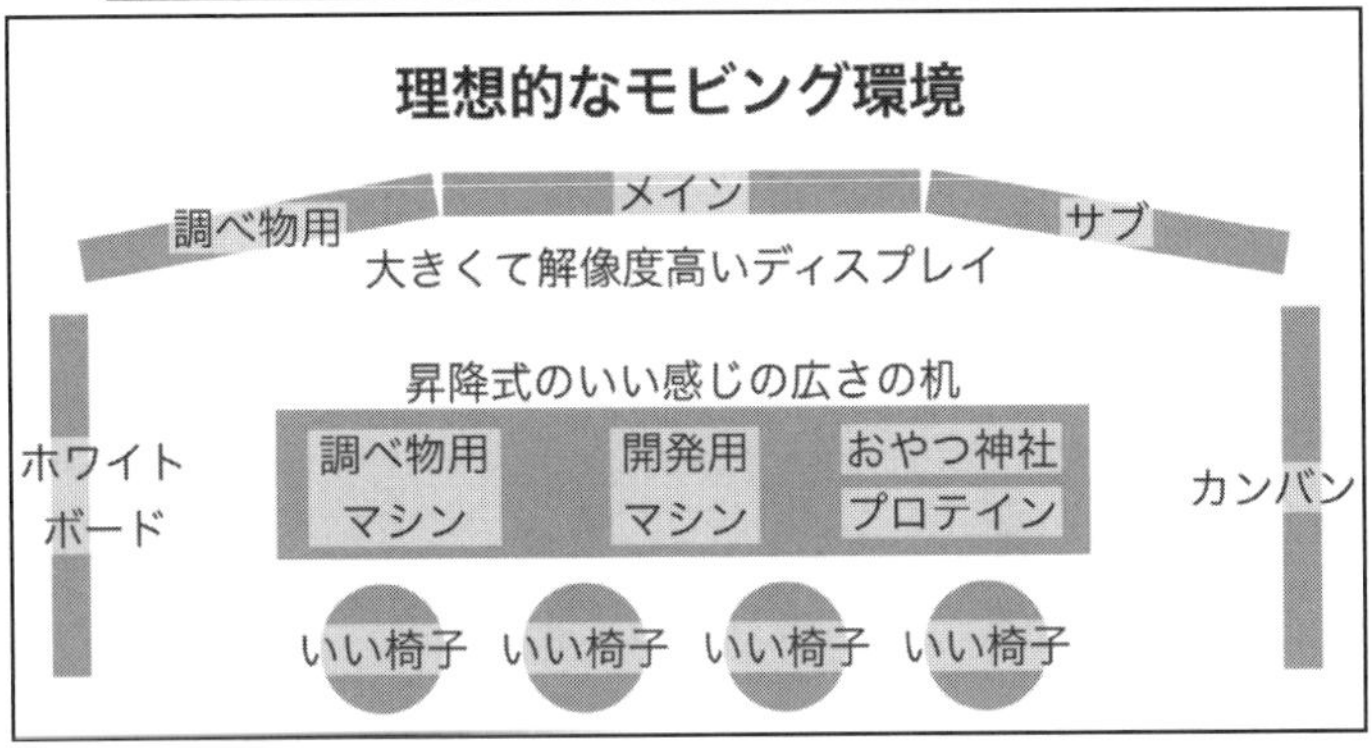

てきた。大きなディスプレイを用意し、その周りに集まってワイワイとプログラミングをする。モブプログラミングによって書かれたコードは、書かれた時点でチーム全体の合意をとっていることになるので、確実に仕事が進んでいく。そして、コードを書くという共通体験をすることで、コードに関する知識がチーム全体に行き渡り、強いコード、強いチームづくりに役立つ。

モブプログラミングをプログラミング以外にも活用する「モビング」という活動を頻繁に行うチームも存在する。例えばチームにときどき訪れる営業メンバーと行う「モブ提案資料作成」などだ。大型ディスプレイが一般化し、机や椅子などもモビングがしやすいファシリティーを整える組織も増えている。[7]

テスト駆動開発（TDD: Test-Driven Development）

アジャイル開発では、動くソフトウェアを重視する。そして、ソフトウェアが動いているかどうかは、テストによって把握する。テストはアジャイル開発の中で大きな位置を占めているのだ。テストされていないコードは仕掛品（在庫）とみなしてよい。テストコード（テストのためのコード）と製品コード（実際の目的としているコード）を対にして作っていくのがテスト駆動開発である。実際には、テストコードは製品コードと比較して同量、もしくはそれ以上になり、自動実行によって毎日テストがパスしている状態にコードを保つ。顧客の要求の変化を受け入れるアジャイル開発では、新しく追加するコードだけでなく、既に統合したコードにもどんどん手を入れていくため、テストの自動化が必須になる。

テストには、「ユーザーテスト」「開発者テスト」「品質保証テスト」の3種類がある。ユーザーテストは「受け入れテスト」あるいは「仕様サンプル」とも呼ばれ、ユーザーの言葉でシステムの動作を例示し、それを動作するテストにしたものだ。

一方、開発者テストはユニットテストと呼ばれ、開発者自身が製品コードを書く前に、テストコードを定義する。開発は、テスト定義、実装、テスト確認を繰り返す。このやり方で、製品コードとテストコードの両方を成長させていく。

ユニットテストは、ＸＰの創始者でもあるケント・ベックと、後にEclipse開発環境のリーダーとなるエリック・ガンマがＪａｖａ言語で実装したツール、JUnit[8]によって広く知られるようになった。今日では幅広いプログラミング言語に同様のツール（xUnitと呼ばれる）が存在する。２人は「テスト熱中症[9]」という記事で「これまでテストが嫌いだったプログラマーが、テスト駆動開発を行うことでテスト好きに感染する」と書いた。

これらのユニットテストツールでは、テストの失敗を「赤（レッド）」で、成功を「緑（グリーン）」でビジュアルに表示する。テストを定義した時点では、テストはレッドだ。そこから、最小限の実装でテストをグリーンにする。それから、グリーンを維持して内部設計を見直す。この設計の見直しは、「リファクタリング」（90ページ参照）と呼ばれる。テスト駆動開発では、「レッド、グリーン、リファクタリング、レッド、グリーン、リファクタリング……」のように、一定のリズムを持って開発を進める。具体的な手順はこのようになる。

1. 目的の製品コードに対するテストコードを先に書く

2. そのテストを実行して失敗させる（レッド）

図4-9 テスト駆動開発の手順[10]

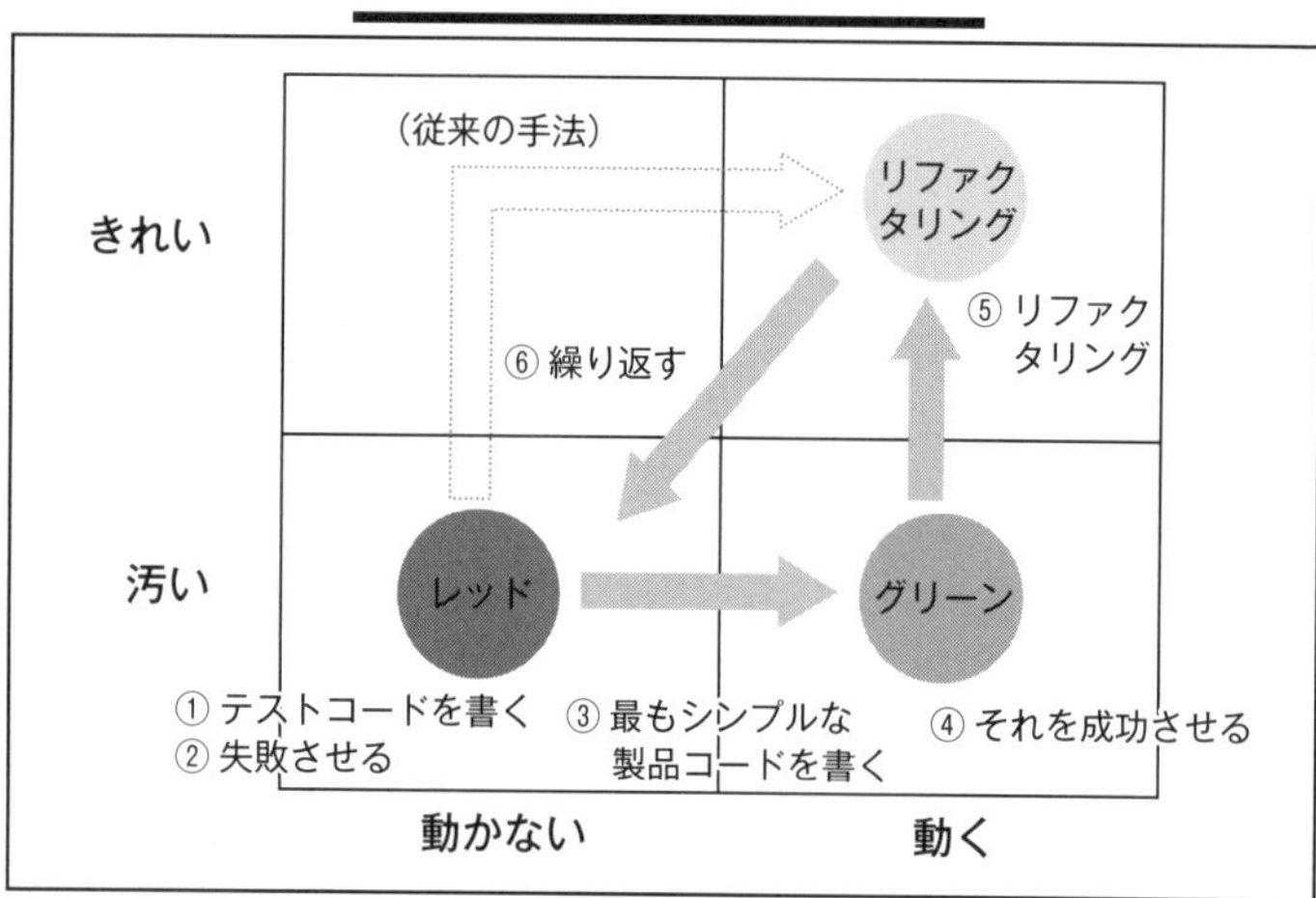

3. 最もシンプルな目的の製品コードを書く
4. 1.で書いたテストを成功させる（グリーン）
5. 製品コードをリファクタリング（グリーンを維持）
6. 1.～5.を繰り返す

このような手順を踏むことで「最初に失敗するテストがなければ、製品コードを追加できない」ことになり、作成された製品コードは常にテストを通った状態が「強制的に」維持されることになる。

COLUMN

テストしやすい設計がよい設計

アジャイル開発が浸透するにつれて、テスト可能な設計（テスト容易性）というコンセプトがソフトウェアの内部品質として大きくクローズアップされてきた。テスト駆動開発を推進すると「その設計はテストできるか？」という視点でプログラムを分割することになる。この分割指針は、構造化設計やオブジェクト指向設計で提唱されてきたモジュール分割の指針（高凝集度、低結合度）と基本的には同じ方向性を持ち、さらに、より具体的に実践しやすい指針となる。

アジャイル開発を始めた頃、「このメソッドはユニットテストできません」という発言をよく聞いた。例えば、「タイマー起動である条件に合致するユーザーをデータベースから選択し、そのユーザーのアドレスにメールを送る」というメソッドがテストできないというのだ。これは典型的な間違いだ。まず、「タイマー起動」「データベースから条件に合致するユーザーを選択」「メールを送付」という3つに分けてテストできないか、と考える。テストを基点としてモジュール分割を考えるわけだ。タイマー起動のメソッドについては時間をパラメータとし、すぐに起動されるイベントをテストしよう。メールを送付できることをテストするのは難しい。そこでテストダブル（従来のスタブに近いもので、テスト用に作られた偽の呼び出し先）を登場させる。メールの送付がほかのクラスの責務であれば、自クラスのテスト用に偽のメーラーを定義して、そこにメッセージが送られていることをテストすればよい。基本は、「テストしやすいように責務を分割する」ことだ。テスト容易性はモジュール分割のよいナイフになる。

リファクタリング

「リファクタリング」[11]とはＸＰで提唱されたプラクティスの1つで、既存のプログラムの一部を、外側から見た動きを変えずに内部構造を変える再設計活動のことである。リファクタリングは、テスト駆動開発の一部でもある。

アジャイル開発では、最初からシステムの全体構造を先読みした設計をしない。新しい機能が追加された時点で、既に作られたプログラムを修正してダブりを取り除いたり、よりシンプルな構造に変更したりする。つまり、全体構造を徐々に変化させながら成長させていくことになる。

古い時代の開発では「動いているものには触るな」という戒めがあったが、アジャイル開発では積極的によい設計になるように、既存のプログラムに調整を加えていく。ただし、これは、テスト駆動開発と両輪で動いており、テストによる安心感があるからこそできる活動ともいえる。

第1章で既に述べたように、アジャイル開発は繰り返す開発であり、漸進開発である。ホールケーキを設計して作るのではなく、ショートケーキを次々と作っていくことになるので、一つひとつのショートケーキを足していく過程で、これまで作ったショートケーキがうまくくっつくようにスポンジ部分を調整しながら作っていく必要がある。このような進化的設計では、リファクタリングが重要な活動となる。

テストがなく、長い間リファクタリングや変更ができないコードを「技術的負債」（Technical Debt）と呼ぶ。機能を早く追加したいあまり、テストを書かないコードを急いで追加したり、設計の不十分なコードが大量にできたりすると、将来の機能追加のコストを大きく増大させることになる。このような技術的負債を避ける、もしくは、適量に保つためには、リファクタリングを継続的に日々のプログラミング活動に入れるべきである。

継続的インテグレーション（CI：Continuous Integration）

「継続的インテグレーション」は、XPで提案されたプラクティスの1つで、動くソフトウェアを常時結合することである。従来の開発では、「統合」とか「結合」というインテグレーションの工程があった。別々に作られたものをこの工程で1つにまとめ、動作を確認する。しかし、この工程はそこまでの仕様の思い違いやコミュニケーションミスが一気に顕在化するといった、頭痛の種であった。

アジャイルの提案は、「ならば、常に統合しておいたらどうだろう。そして、常にテストを走らせておいたらどうだろう。そうすれば、この大きな頭痛を小さな痛みに分解できる。もし、テストが通らなくなったら、それは最後に統合したコードが原因ということになる」というものだ。

このように、プログラム全体を常に統合して動く状態にしておくことを「継続的インテグレーション」、略してCIという。最近では、ビルド（プログラムのコンパイルや自動テスト、アーカイブ化、ソースコードへのタグづけ、実行環境へのデプロイの一連の手順）を自動化するツールが数多くある。[12] これらのツールを使えば、ワンタッチでプログラム全体をビルドできる。

もっと極端にいえば、本当にボタン1つで、製品であれば受け入れテスト後に実行可能なソフトウェアをインストーラに固めてしまうまで、また、クラウドのサービスであればステージング環境へのデプロイと受け入れテスト、および関連各所へのメール通知まで自動化する。

また、最近では、インターネット上のクラウドとWeb環境を利用したサービスの開発が増えたこともあり、継続的インテグレーションは一歩進んで、「継続的デリバリー（Continuous Delivery）」という概念へと移行した。すなわち、運用しているサービス環境へのデプロイまで含めて継続的にしていこうという流れである。これは、クラウドを使った消費者向けサービスを考えると、当然の傾向といえるだろう。

そして、開発チームと運用チームが一体化したDevOpsと呼ばれる活動も盛んになってきた。従来、開発（Dev）と運用（Ops）は別組織で行われている場合が多く、開発が終わった後に運用に引き渡していた。ときに両者の関係は悪くなる。運用で発生する障害は開発の中にあり、運用チームは開発を恨むことも多いためだ。そこで、この2つの組織を統合して1つのチームとするのがDevOpsである。DevOpsは1つの大きなムーブメントとなっており、独自のプラクティスも多く存在する。

アジャイルのプラクティスを支えているもの

アナログと対話

これらを見ると、アジャイル開発の現場がいかにアナログのコミュニケーションを重視しながら、チーム内の暗黙知を共有し、テストとコードという動くものによって品質を作っていくかがわかる。顧客から見て価値がないムダなドキュメントを排除し、密度の濃い「場」を使ったコミュニケーションこそが、アジャイル開発の圧倒的なスピードを支えている。それは、チームの力を最大限に活かすプラクティスによって成り立っている。

最近では、インターネットを利用したツールも多く普及してきており、分散開発の増加に伴ってツールの利用も進んでいる。ソフトウェアのツールを使った「デジタル」と、壁とポストイットなどの「アナログ」は、その利用のバランスを現場で考える必要がある。ただし、ぜひ一度はアナログで試したい。会話の量が増え、チームに活気が出ることが実感できる。

オブジェクト指向はどこへ？

リファクタリングやテスト駆動の開発は、オブジェクト指向技術に支えられていることにも言及しておきたい。うまくユニットテストを使っていく手法（テスト駆動開発）や、一度作ったものを再設計する手法（リファクタリング）にはオブジェクト指向技術が活用されている。この理由の1つは、アジャイル宣言に関わった人たち、特にXP、スクラムという開発手法の創始者たちが、オブジェクト指向プログラミング言語Smalltalkの文化の影響を大きく受けていることが挙げられる。

当初、再利用性ばかりがメリットとして強調されたオブジェクト指向だが、アジャイルの文脈では、「変更容易性」と「テスト容易性」を飛躍的に上げる技術と捉えることができる（89ページ、コラム「テストしやすい設計がよい設計」参照）。

開発環境とツールの変化。IDEとWeb、そしてクラウド

また、昨今の開発環境の進化も大きい。EclipseやVisual Studioといった統合開発環境（IDE）や、リモートでのペアプログラミング／モブプログラミング支援やテスト環境と一体化しリファクタリングを支援する機能を持つGitHubに代表される「ソースコード管理システム」や「バグ

管理システム」などの開発支援ツールが普及し、Ｗｅｂ環境で利用できるようになったこともアジャイル開発を支えている。さらに、クラウド環境の台頭にも大きな影響を受けている。Ｗｅｂを使ったサービス開発では、継続的インテグレーションによって常時結合されたソフトウェアをクラウドのステージング環境にデプロイし、最終テスト後に実際のサービス環境に持ち込む手法が普通になった。ＡＷＳ（Amazon Web Services）のようなクラウドサービスを使えば、ＣＰＵの構成やロードバランサー、ディスクの構成などのハードウェアまでも、あたかもソフトウェアのようにプログラミングによって操作できる。継続的インテグレーションをさらに延長した「継続的デリバリー」という、実際の稼働環境までに反映してしまう手法も、クラウドの台頭によるところが大きい。

このように、アジャイル開発が広く利用できるようになった背景には、ビジネス環境の変化だけでなく、クラウドや開発ツールをはじめとする開発環境の圧倒的な変化という時代背景もある。逆に、この圧倒的な変化があって初めて、アジャイル開発は可能になったともいえるだろう。

アジャイルのプラクティスを俯瞰する

プラクティスをいくつか紹介したが、これらはすべてではない。様々なアジャイル手法で様々なプラクティスが提唱されており、現在特定され、名前が付いているものだけでも50以上はあるだろう。アジャイルアライアンスのWebページには、各プラクティスの出自をもとにプラクティス群をまとめた資料があるので参考にするとよいだろう[13]。

プラクティスには、技術的な課題に対するアプローチと、人間的なあるいは組織的（ソーシャル）な課題に対するアプローチがある。一概にプラクティスを分類することはできないが、これまでに紹介したものは大まかに2つに分類することができる。

1．技術プラクティス：高速に石橋をたたいて渡る「開発環境」を作るもの

- **リファクタリング**
- **テスト駆動開発**
- **継続的インテグレーション**
- **ペアプログラミング／モブプログラミング**
- **その他、これら以外にも多数**

2.ソーシャルプラクティス：協働でゴールに向かう「チーム環境」を作るもの

- **■朝会**
- **■タスクかんばん**
- **■ユーザーストーリ**
- **■バーンダウンチャート**
- **■プランニングポーカー**
- **■ふりかえり**
- **■その他、これら以外にも多数**

もちろん、アジャイルのゴールは、ビジネスとして成功するために価値のあるシステムを作ることである。ここで「高速に石橋をたたいて渡る」とは、継続的インテグレーションをはじめとする開発環境が、動いているソフトウェアを壊さないように注意しながら、テストと対で製品を成長させていくイメージを言葉にしたものだ。そして、「協働でゴールに向かう」とは、チームメンバーが役割の垣根を越え、一丸となって開発に臨む様子を表した。

図4-10 アジャイルの「ライトウィング」と「レフトウィング」

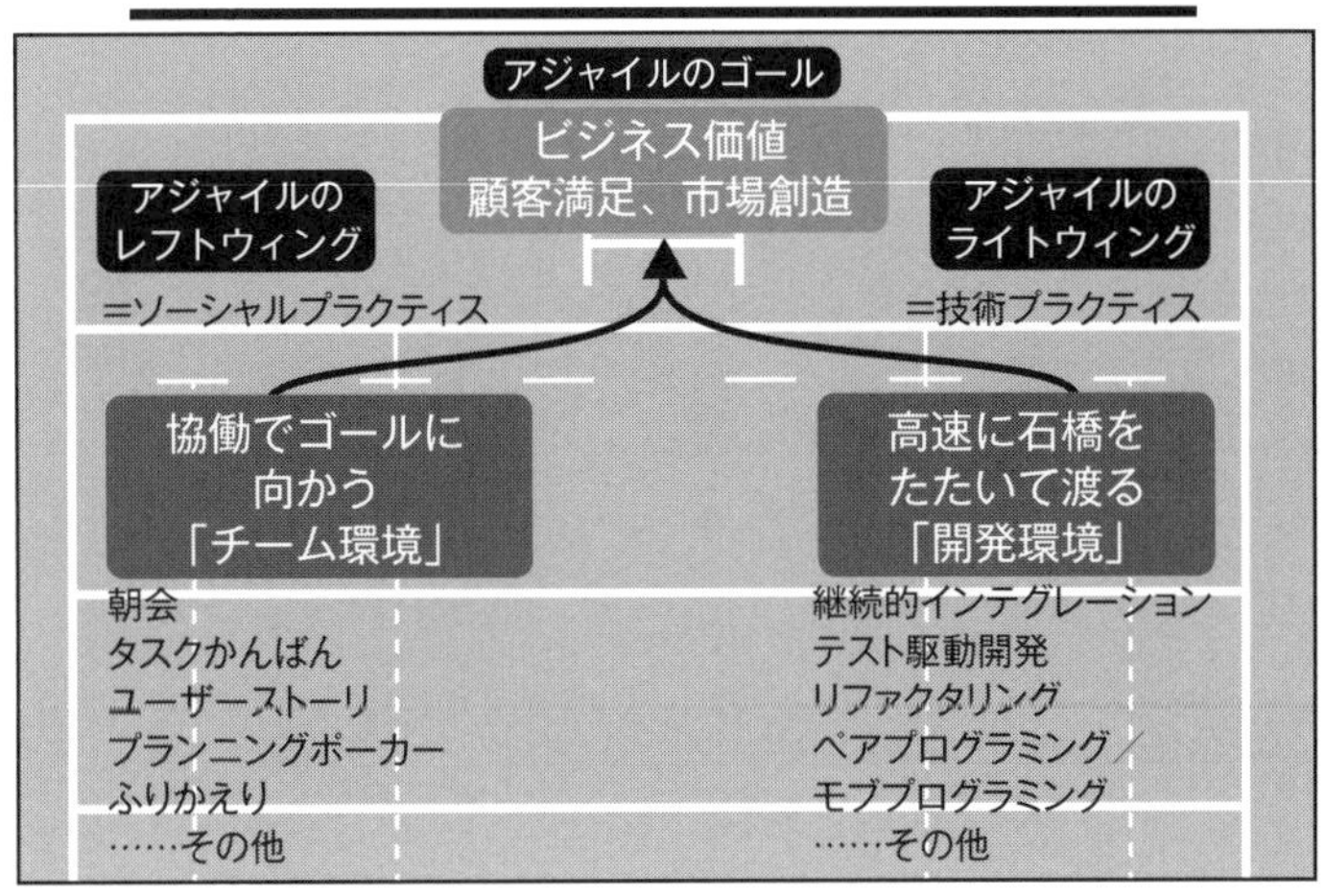

これを、比喩的にまとめると図4-10のようになる。アジャイルは、ライトウィングの活動とレフトウィングの活動の両方が本質的に重要である。

前述したように、スクラムを「枠」とするならプラクティスは「粒」だ。プラクティスは、プロジェクト、製品、チーム、それぞれの文脈によって選択して採用できるが、そのすべてを採用しているチームはない。しかし、スクラムのフレームワークは非常に薄いため、まずスクラムの枠組みを採用し、そこにプラクティスの粒を組み合わせるのが、最もわかりやすくアジャイルを適用する方法だといえるだろう。

COLUMN

アジャイルと契約

永和システムマネジメント AgileStudio
木下史彦

アジャイル開発を日本で行う場合、どうしても契約の問題を避けて通れない。ユーザー企業とソフトウェアベンダーという産業構造が現在でも残っており、アジャイル開発と契約の問題はアジャイル開発が登場した2000年代前半から論じられてきた。

大きく状況が動くきっかけになったのは、2018年に経済産業省から公開された「DXレポート」である。この中で「ユーザ企業とベンダー企業の新たな関係の構築が必要」「アジャイル開発等、これまでの契約モデルで対応しきれないものあり」と問題提起されている。これを受けて、経済産業省とIPA（独立行政法人情報処理推進機構）を中心にアジャイル開発に適したモデル契約策定に向けた委員会が組織された（筆者はこの委員会のメンバーの1人である）。

そして、1年間にわたる検討の結果、2020年3月にIPAからアジャイル開発版「情報システム・モデル取引・契約書」が公開された。[14]

この契約書の特徴は大きく3つある。

1．スクラムをベースとしている

モデル契約書の中では、現在、日本で最も普及しているアジャイル開発手法であるスクラムの用語をベースとしている。こうすることで、契約当事者であるユーザー、ベンダー双方の権利義務がわかりやすく整理されている。

2．準委任契約を前提としている

2012年にIPAから出された「非ウォーターフォール型開発に適したモデル契約書」（当時、IPAではアジャイルと言わずに非ウォーターフォールと言っていた）には請負型と準委任型の2通りが存在する。しかし、あらかじめ定めた成果物を作成する請負契約はアジャイル開発とは相容れない面が多く、無理に請負契約を適用しようとした結果、アジャイル開発のメリットを十分に活かし切ることができないという問題が生じていた。

2020年版ではこのような背景を踏まえ、請負型は廃止され、準委任型一本に絞られている。

図4-A スクラムのロール

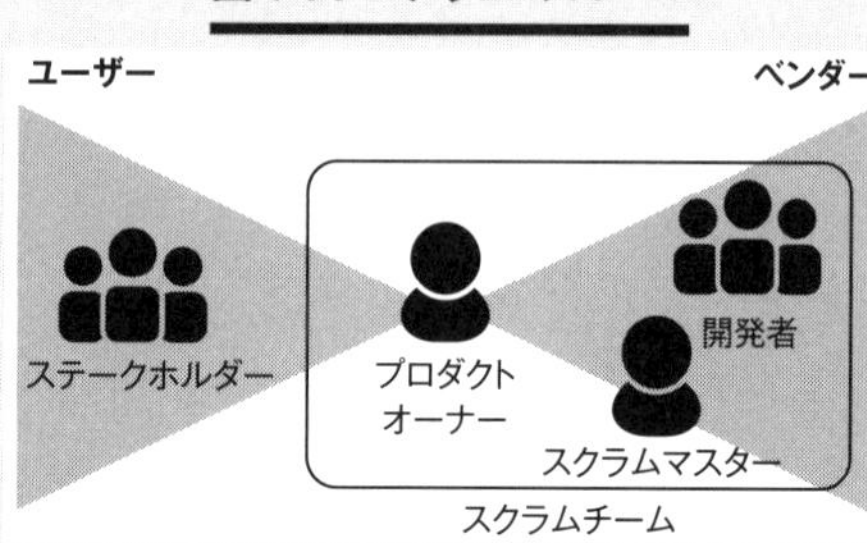

3．プロダクトオーナーはユーザー企業から選任する

スクラムではプロダクトオーナー、スクラムマスター、開発者という3つのロールが定義されている。さらに、スクラムチームの外側にステークホルダー（実際にプロダクトを使うユーザーやプロダクトを持っている組織の役員や上司など）が存在する（図4・A）。

ユーザーとベンダーが開発を進めていく場合には、プロダクトの価値を最大化することに責任を持つプロダクトオーナーを両者のどちらから選任するかというのが重要な選択になる。契約形態とプロダクトオーナーの所属（ユーザーかベンダーか）を2軸で整理したのが図4・Bである。

「ベンダーがプロダクトオーナー」×「請負契約」＝完全に丸投げである。これではユーザーがオーナーシップを発揮して

図4-B 契約形態とプロダクトオーナーの所属

	ベンダーが PO	ユーザーが PO
請負契約	丸投げ	矛盾
準委任契約	本気？	◎

いるとはいえない。

「ベンダーがプロダクトオーナー」×「準委任契約」＝ベンダーにとってはリスクのない形となるが、ここまでコントロールを預けてしまってはユーザーは本気で開発に取り組んでいるのかどうか疑問である。

「ユーザーがプロダクトオーナー」×「請負契約」＝ユーザーがいかようにもプロダクトバックログの優先順位を変更できるにもかかわらず、完成責任をコミットメントしなければならないということで矛盾が生じる。

このようにユーザーとベンダーが相互に担う役割の視点から考えても、ユーザーがプロダクトオーナーを担当し、準委任契約で進めるのが最適といえるだろう。

冒頭に取り上げた「DXレポート」の中に「ユーザ企業とベンダー企業の新たな関係の構築が必要」と書かれているが、これはすなわちこれまでの受発注関係ではなく、ユーザー企業のオーナーシップのもとで、ユーザー企業とベンダー企業のそれぞれから選出したメンバーがワンチームとなり開発にあたるような共創関係であるということがいえるだろう。

このモデル契約がアジャイル開発のさらなる活用とユーザー企業とベンダー企業の新たな関係構築につながることを祈りたい。

第5章 アジャイルの進化とスケールフレームワーク

当初アジャイルは小さなチームのための手法として発展、導入が進んだ。現在、アジャイルをスケールさせる（大規模化、組織化）フレームワークがいくつか登場し、利用例が増えてきた。さらに、プロジェクトマネジメント、組織マネジメントにも影響を与えている。

実用的にアジャイルをスケールさせる手法としてクレイグ・ラーマンとバス・ボッデがLeSSを、また大企業向けにエンタープライズアジャイルフレームワークとしてディーン・レフィングウェルがSAFeを提案し、スクラムの共同考案者の2人、ケン・シュエーバーがNexusを、ジェフ・サザーランドがScrum@Scaleを、それぞれスケールフレームワークとして提示した。

プロジェクトマネジメント領域ではＰＭＩ（米国プロジェクトマネジメント協会）が２０１９年、スコット・アンブラーが開発したDisciplined Agileを統合した。ＰＭＩの大きなコミュニティを母体にして広まっていく可能性がある。さらに、新しいマネジメントの考え方として、ヨーガン・アペロによるManagement 3.0も日本でもよく知られるようになった。アジャイルがソフトウェア開発方法論から始まり、小規模から大規模までターゲットを広げたこと、ソフトウェアを超えて企業の組織改革、チーム作りに影響を与えたことから、現代的な組織論、マネジメント論にまで影響を与えたことがわかる。

アジャイルを大規模化するフレームワーク

アジャイルを企業にスケールさせる（大規模化、組織化）フレームワークを紹介する。中でも、LeSS、Nexus、SAFe、Scrum@Scale、Disciplined Agileを取り上げてその概要を解説する。これはどんなスケール手法にも共通する点だが、これらを採用する「前に」必ず気を付けたいことが、以下の２つだ。

1．既にうまくいったチームが2つ以上あること

インターネットの根幹技術であるTCP/IPが動く実装から出発したことを思い出してほしい。「絵に書いた大作戦」はうまくいかない。アジャイルの成功は個々人のマインドセットとチームにかかっている。いきなりトップダウンでアジャイルを始めても、成功は難しい。まずは、複数のチームでアジャイルを成功させること。そして、そこに参加した人に大規模化を手伝ってもらうこと。これは必須の要件である。トップダウンのビッグバンアプローチがうまくいかないのは、アジャイルが「人」を中心に設計されているからだ。個人個人を歯車として扱うのでなく、個性のある人々が集合して機能するチームとして見る。この仕事のやり方が成立するのは、人間がその考え方を受け入れ、慣れ、いい影響を与え合って文化が育っている必要がある。既にうまくいったチームが2つ以上あること。これが大規模化、組織化への入り口の条件だ。

2. 大規模化する必要があること

もう1つ気を付けたいのは、もし小さなチームでうまくいったのなら、そのチームを大規模化する必要が本当にあるのか？　ということだ。どのような手法を使ったとしても、5～10人の小さなチームにはかなわない。開発するプロダクトが大きくなり、1チームではスピードに追いつけないことが障害になって初めて、大規模化を考える。1つの大きな問題を解くのに、「大きなワンチーム」作戦と、「複数の小さなチーム」作戦があるが、ほとんどの場合、後者がうまくいくことが、人数が増加したときにコミュニケーションが爆発的に難しくなるという特性からわかっている。

そうなると、問題はそれら複数チーム間のコミュニケーションと依存関係だ。ほとんどのスケールフレームワークは、これらの問題を解くために存在する。もし、これらの問題を解かなくてもよい（小さなワンチームでよい）なら、解かない方がいい。大規模化する必要があること。これがもう1つの条件である。では、実際に提案されているフレームワークを見ていこう。

Nexus

Nexus（ネクサス）はスクラムの共同考案者の1人、ケン・シュエーバーによって開発された大規模スクラムのフレームワークである。この手法は、スクラムを基本にし、その定義を変えずに複数のスクラムチームを組み合わせて、統合された1つの動くプロダクトを開発する、といった場面を想定している。複数チームになると、チーム間の依存関係が発生し、全体の調整、判断、コミュニケーションが難しくなる。この課題に対し、Nexusは、既存のスクラムにプラスして、複数のスクラムチームをまとめた「全体として」の役割、イベント、作成物を追加または修正して定義している。

図5-1 Nexusフレームワーク

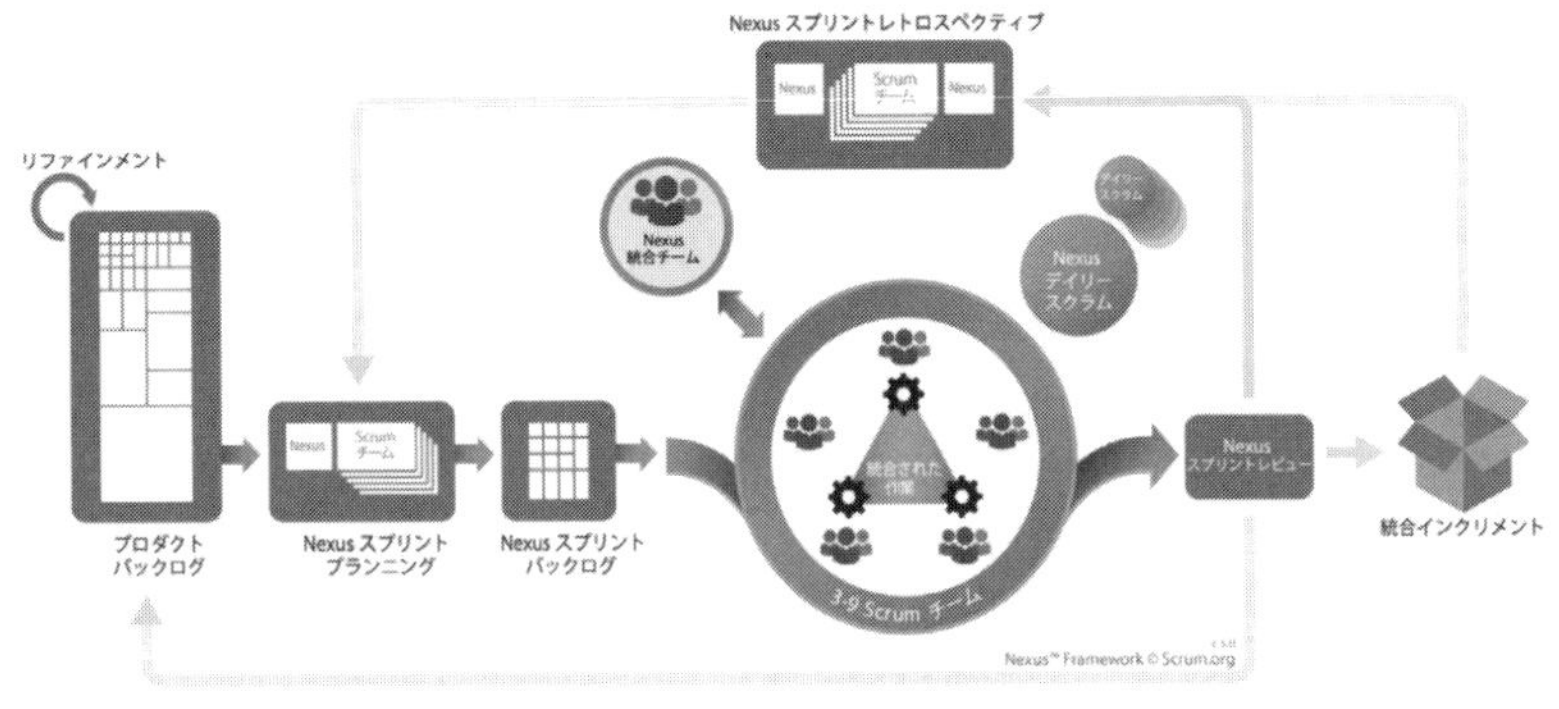

出典:「SCALING SCRUM WITH NEXUS」https://www.scrum.org/resources/scaling-scrum

特徴

企業ワイドでの取り組みというより、あくまでもソフトウェアプロダクトの開発に焦点があるのが特徴である。特に、1つの製品が大きくなることで、1つのチームで賄えなくなり、複数チームで協調して開発する場合を想定している。同期的に全体スプリントを回し、スプリントごとに動くソフトウェアをインクリメントしてデリバーしなければならず、チーム間の依存関係の調整と作成物の統合が主な関心事である。そのため、統合された1つの全体バックログで運用し、スプリントレビューも全体で1回行うことになる。全体の統合を役割とする「Nexus統合チーム」を設け、そのほかは、個別のスクラムチームと、その上位の統合スクラムの組み合わせとして解決している。

以下に、Nexusとしてスクラムに追加・修正された部分を解説する。

主な追加と修正

具体的には、スクラムで定義された役割、イベント、作成物に対して、以下の修正・追加がされている。

■追加された役割 ――「Nexus統合チーム」

■追加・修正されたイベント ――「Nexusスプリントプランニング（計画づくり）」「Nexusデイリースクラム（朝会）」「Nexusスプリントレトロスペクティブ（ふりかえり）」「Nexusスプリントレビュー」

■追加・修正された作成物 ――「プロダクトバックログ」「Nexusスプリントバックログ」「統合インクリメント」

Nexus統合チーム＝NIT（Nexus Integration Team）

複数のスクラムチームからなるNexusにおいても、スプリントの終了までには全体として統合されたインクリメントをデリバリーする必要がある。この役割を持つのが、NITである。統合されたインクリメントが最大価値となるよう、Nexus自体の適用、各スクラムの調整をになう。統合された1つの全体バックログの最終決定権を持つプロダクトオーナーはここに在籍する。

プロダクトオーナーのほかに、（全体の）スクラムマスターとメンバーからなるが、彼らは個々のチームの役割と兼任することもある。スクラムマスターは、Nexusフレームワークが全体で効果的に働くように支援する。メンバーは、プラクティスやツールのコーチング、全体に関わるエンジニアリングとして、インフラやアーキテクチャについての実行責任を持つ。

Nexusスプリントプランニング（計画づくり）

プロダクトバックログは、あくまで全体で1つ。それを、複数のスクラムチームで取り組むために、活動を調整する必要がある。まず、事前にリファインメントされたプロダクトバックログを、プロダクトオーナーがビジネスサイドとして優先付けを先導する。そして、各バックログアイテムを各スクラムチームの代表者が選択し、持ち帰って各チームでスプリントプランニング（計画づくり）を行う。スプリントバックログはチームごとに作られ、各チーム間の依存関係はNexusスプリントバックログで透明化される。

Nexusデイリースクラム（朝会）

各スクラムチームの代表者で構成され、特に、インテグレーションの状況、依存関係など、統合インクリメントの問題を焦点としてデイリースクラム（朝会）を行う。各スクラムチームは、挙がった課題を引き取り、その後、チームごとのデイリースクラム（朝会）に入る。

Nexusスプリントレビュー

スプリントレビューは全体で行う。すなわち、個々のスプリントレビューを1回のNexusスプリントレビューに置き換え、ステークホルダーからのフィードバックを全体で受け入れる。

Nexusスプリントレトロスペクティブ（ふりかえり）

Nexusのふりかえりは、Nexusスプリントレビューの後、3部構成で行う。

1．まず、代表者が集まり、複数チームに関係する問題を提示し、全スクラムチームで共有する。

2．次に、各スクラムチームが通常のスプリントレトロスペクティブを行う。自分たちの改善に加えて、全体の課題に取り組むアクションについても議論し、アクションを考える。

3．最後に、再度代表者が集まり、アクションを合意、透明化する。

まとめ

Nexusは、最も純粋なスクラムの複数チーム拡張といえる。また、あくまでソフトウェアのプロダクト開発に焦点があることも、一貫している。チーム間の依存関係を調整しながら、同期的に全体スプリントを回し、動くソフトウェアをデリバリーするために、

- **統合された1つのバックログと1人のプロダクトオーナー**
- **全体→個別の順序で行われる、デイリースクラム（朝会）やスプリントプランニング（計画づくり）**
- **全体で統合化された、インクリメントとプロダクトバックログ、そして全体で行われるスプリントレビュー**
- **全体→個別→全体の順序で行われる、スプリントレトロスペクティブ（ふりかえり）**

を構成し、「Nexus統合チーム」（NIT）というプロダクト全体の統合に責任を持つチームを独立させている。

特に、大規模開発では、「統合」「依存関係」が問題になることが多い。複数のスクラムチーム

が別々に活動したときに、統合されたプロダクトとしての責任を誰が持つのか？　1人のプロダクトオーナー、1つのプロダクトバックログ、1つの全員参加のスプリントレビュー、さらに、それを技術的に支援するNITが大きなポイントである。そのほかはスクラムチームがこれまで通りに動くと考えてよい。

Scrum@Scale

次に取り上げるのは、ジェフ・サザーランドらによって開発された、Scrum@Scale（スクラム・アット・スケール）である。スクラムチームを複数まとめる、というよりも、組織的にスクラムチームをフラクタルに階層化し、スケールさせることに主眼がある。

「スクラム」が手法名に付くことからもわかるように、このフレームワークはスクラムを継承しており、それぞれの小さなスクラムチームが機能していることが前提となる。「5人のチーム」が最も効果的に機能する、という知見から、5×5＝25、5×5×5＝125というようにスケールする（5は大体の数であり正確である必要はない）。つまり、まず5人でスクラムチームを作る。次にスクラムチームを5つまとめてスクラム・オブ・スクラム（SoS）とする。さらにSoSを5つまとめてSoSoSという具合だ。

図5-2 SoS（フラクタル構造）

SoS（フラクタル構造）

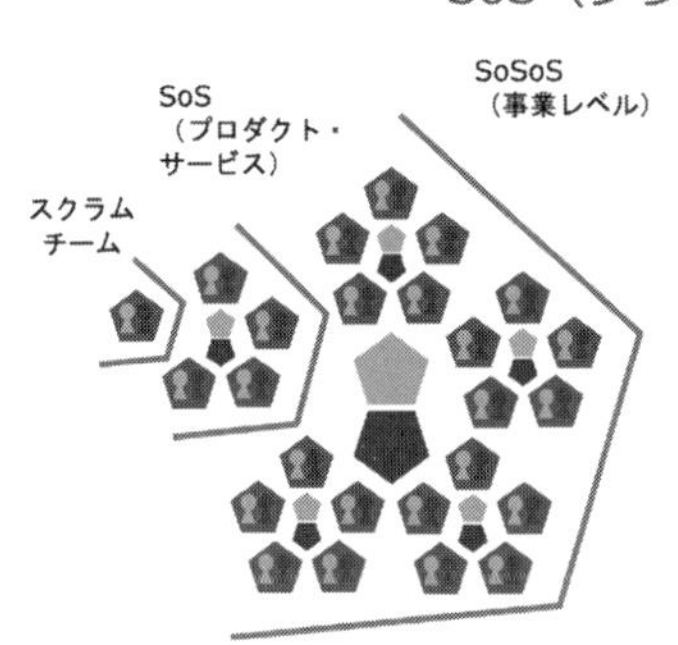

（図形）	PO	チームのバックログの優先順位を決める
（図形）	SM	チームの障害が取り除かれるようにする
（図形）	CPO	プロダクト・サービスレベルのバックログの優先順位を決める
（図形）	SoSM	プロダクト・サービスレベルの障害が取り除かれるようにする
（図形）	CCPO	事業レベルのバックログの優先順位を決める
（図形）	SoSoSM	事業レベルの障害が取り除かれるようにする

SoSにはそれぞれの階層に、プロダクトオーナーとスクラムマスターを配置する。SoSのスクラムマスターを、SoSM（スクラム・オブ・スクラムマスター）、プロダクトオーナーをCPO（チーフ・プロダクトオーナー）と呼び、さらに上位階層を持つ場合もある。スクラムをチームレベル、SoSをプロダクトやサービスレベル、SoSoSを事業レベルと考えるとわかりやすい。

このフレームワークは、複数のチームを効果的に、最小のルールで調整し、組織の規模に応じて拡大できるフラクタルで「スケールフリー」なアーキテクチャとなっていることに気づくだろう。

特徴

このフレームワークは、大規模なプロダクト・サービスをアジャイルに開発するだけでなく、すばやい市場フィードバックと意思決定を行えるよう、組織全体をスクラムベースに変革する目的を持っている。すなわち、優れたプロダクト・サービスを市場に出すことと、それができる組織作りの2点を同時に包含している。そのために、WHATとHOWを分離し、かつ協調させた構造を持っている。

WHATとは、「何を作るか」であり、市場価値の高いプロダクトやサービスを定義していくプロダクトオーナー中心の活動である。HOWとは、それを「どのように作るか」であり、意思決定が早いスクラムベースの構造に「組織改革」していくスクラムマスター中心の活動である。そして、その2つが独立した活動サイクルを形成する。では、それぞれについて述べる。

プロダクト・サービス開発（WHAT＝プロダクトオーナー・サイクル）

プロダクトオーナー（PO）が階層的に組織されたツリー構造とサイクルである。スクラムチームのプロダクトオーナーが1階層上で集まり、メタ・スクラムを形成する。ここには、チーフプロダクトオーナー（CPO）が任命される。これを積み上げ、最終的に会社としての方針（すな

図5-3 ESM、EAT、SoS

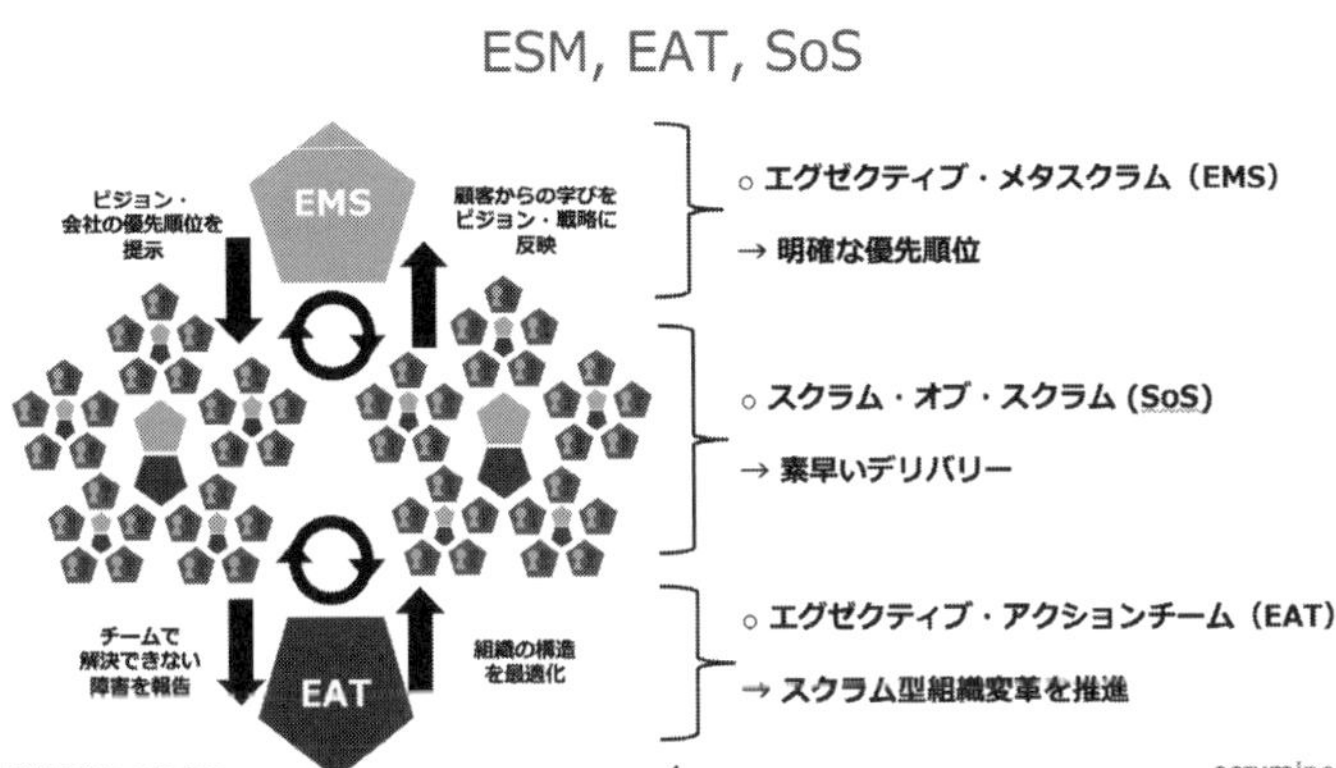

わち優先順位）を決めるのが、エグゼクティブ・メタスクラム（ＥＭＳ）である。この参加者は、ＣＥＯ、ＣＩＯ、ＣＴＯ、ＣＤＯといった戦略レベルの優先順位を決められる役員や取締役、投資を決定できるＣＦＯなどであり、まさに企業のトップレベルである。ここで企業レベルのバックログアイテムが優先順位付けされる。プロダクトのＲＯＩ（Return On Investment）見込みや実績、顧客評価などをもとに優先順位を付け、プロダクト・サービスレベルのＧｏ／ＮｏＧｏを継続的に判断する。

組織改革（HOW＝スクラムマスター・サイクル）

　スクラムマスターが階層的に組織されたツリー構造とサイクルである。スクラムチームは階層的にＳｏＳを形成するが、それぞれのチームのスクラムマスターは、毎日チームのデイリースクラムが終了した後、1階層上で集まり、「スケールド・デイリースクラム」を開催する。また、スプリント終了時に行われるチームごとのレトロスペクティブ（ふりかえり）が終了した後も1階層上で集まり、「スケールド・レトロスペクティブ」を開催する。これらのイベントには、SoSM（スクラム・オブ・スクラムマスター）を配置する。ここで、チームの横断的障害を取り除き、チーム間の調整を行う。

このスクラムマスター・サイクルは、最終的に会社としての障害を取り除くEAT（エグゼクティブ・アクションチーム）にまで上り詰める。EATには全社部門、CxOレベルの役員が参加し、予算や調達、法務・コンプライアンス的な問題も解決できるようにする。さらに、EATは組織を変革するためのバックログを作る。この中には、人事制度、組織構造変革なども含まれ、EATが推進することになる。スクラムによる組織改革を推進する役員や、特命を受けて権限を持った人がここに参加することも多い。

まとめ

Scrum@Scaleは単にソフトウェア開発手法としてのスクラムを拡張したものではなく、スクラムによる組織運営を主眼としたフレームワークだ。会社全体がすばやい意思決定と顧客指向の組織に変わること、そして、優れたプロダクトやサービスを市場に出していくことの両方を指向している。また、マーケティングチームや人事チームなど、これまでアジャイルが対象としてこなかったチームにも、スクラムを適用する。よって、導入には会社の方針が必要となる。ＥＡＴを組織するには、エグゼクティブレベルの意思決定が必要になるからだ。

もう1つ、このフラクタル構造を持ったスケーリングは本書第3部で述べるように、野中郁次郎が「スクラム」という言葉を使った組織と最も近いといえる。組織全体がより機動的になるための手法と捉えるのがよいと考える。

SAFe

SAFe（Scaled Agile Framework）は、企業や事業部規模でアジャイル開発を導入するためのフレームワークである。このフレームワークは、複数チームへのアジャイル開発の導入に留まらず、プロダクトを企画するための組織づくり、意思決定や経営戦略までを対象に含んでいる。

SAFeはディーン・レフィングウェル氏が提唱し、現在はScaled Agile, Inc.によって提供・公開されている。改訂を経ながら発展を続けていて、執筆時点の２０２１年2月現在ではSAFe 5.1が最新バージョンである。本書ではSAFe 5.1の内容に基づいて解説する。

図5-4 SAFe 5.1

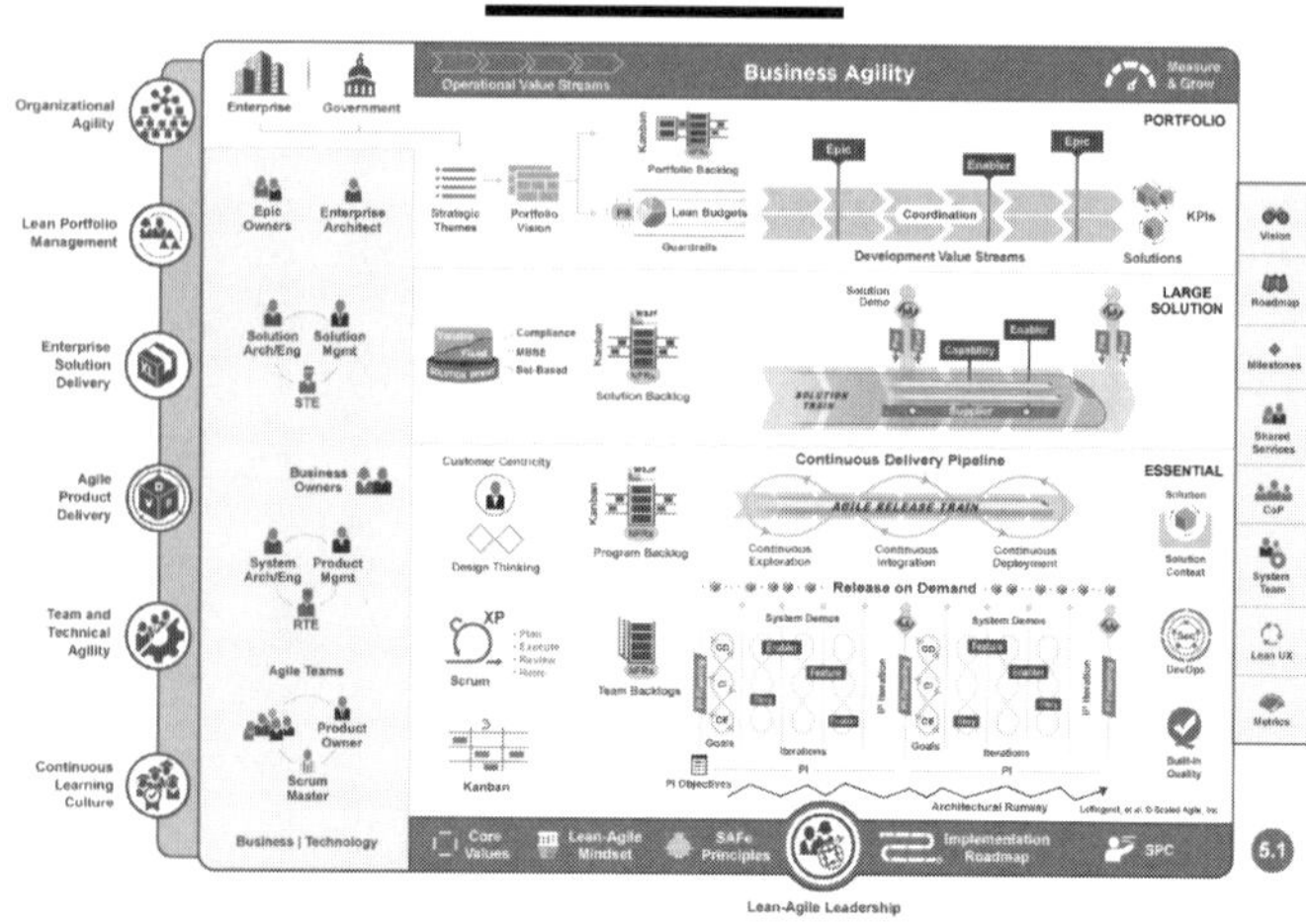

　出典:「SAFe 5 for Lean Enterprises」https://www.scaledagileframework.com/

特徴

SAFeは、組織のビジネスアジリティを向上させるために、2つのオペレーティングシステムを持っている。1つ目は、多くの組織が既存に備えている階層型組織構造である。2つ目は、部門を超えてバリューストリーム中心のネットワーク型組織を導入することで、顧客価値の提供に集中する。この2つのオペレーティングシステムを共存させることによって、既存の組織構造の利点を活かしつつ、ビジネスアジリティの向上を実現する。

7つのコアコンピテンシー

SAFeの中核を成す考え方が以下の7つのコアコンピテンシーである。

- ■Lean-Agile Leadership
- ■Lean Portfolio Management
- ■Organizational Agility
- ■Continuous Learning Culture
- ■Enterprise Solution Delivery
- ■Agile Product Delivery
- ■Team And Technical Agility

ここからも、組織、チーム、文化、リーダーシップ、デリバリーなどSAFeの対象が広範囲であることがわかる。

SAFeの3つの階層

SAFeの階層構造は以下の3層に分かれている。

- ■Essential
- ■Large Solution

■Portfolio

Essentialは、プロダクト開発とデリバリーを担う階層である。複数のアジャイルチームとロールが集まってART（アジャイルリリーストレイン）を構成する。アジャイルチームは、スクラムと同じでプロダクトオーナー、スクラムマスター、開発チームで構成されている。これに加えて、ビジネスオーナー、システムアーキテクト、プロダクトマネジメント、リリーストレインエンジニアのロールが存在し、チームを横断してプロダクト開発を支援する。

Large Solutionは、複数のARTを同期して、より大規模なプロダクト開発を実行する責任を持つ階層である。複数のARTをまとめるためのロールとして、ソリューションアーキテクト、ソリューションマネジメント、ソリューショントレインエンジニアが存在する。それぞれの役割が、ART間をつないで全体としての方向性をつくる。

Portfolioは、組織の運営や戦略策定を担う階層である。裁量権を持つ役員や管理職が参画する必要がある。この階層には、エピックオーナー、エンタープライズアーキテクトのロールが存在し、組織の戦略やビジネス目標に基づいて判断をし、Large SolutionやEssential を支援する。

SAFeの4つの構成

SAFeでは、3つの階層構造を組み合わせた4つの構成がある。

■**Essential SAFe**（Essential）
■**Large Solution SAFe**（Essential + Large Solution）
■**Portfolio SAFe**（Essential + Portfolio）
■**Full SAFe**（Essential + Large Solution + Portfolio）

これらの中から、導入するレベルに合わせて選択することができる。

SAFeの導入ロードマップ

SAFeは、対象としている範囲が広く、最初からすべての導入を目指すことは難しい。そのため、SAFeを組織に根付かせるためのロードマップと詳細なガイドが用意されている。ステップごとに、重要なポイントやTipsがまとめられたドキュメントと必要なトレーニングを確認することができる。

まとめ

SAFeは、プロダクト開発の方法論に留まらず組織運営や文化形成までを対象にしたフレームワークである。プロダクトを作る部分はもちろん、そこに至るまでの判断やワークフロー、チームを支える組織を対象とすることで、部分最適ではなく全体最適を目指している。

また、SAFeは大規模アジャイルフレームワークの中でもトップのシェアを誇っていて、世界中の多くの企業による導入事例がある。Scaled Agile, Inc.によって事業として運営されていることもあり、トレーニングや認定制度、導入支援をしている企業や団体も多い。

SAFeの全体像を見ると複雑で難しく感じるかもしれないが、導入レベルに合わせた4つの構成、ロードマップ、導入事例、導入支援を受けられるという点が高いシェアにつながっている。

LeSS

LeSS（Large-Scale Scrum）は、クレイグ・ラーマンとバス・ボッデによって開発された中規模から大規模スクラムのフレームワークである。このフレームワークは、開発者である2人が、大規模で複数拠点にまたがるプロダクト開発やオフショア開発にアジャイル開発を適用するために取り組んでいく中で生まれたものである。そのため、スクラムが基本的に1つのチームでの状況を中心に扱っていることに対して、LeSSはより規模の大きいプロダクトグループでの状況を扱う。大規模に適応するために必要最低限の具体的な構造をスクラムに追加しているが、それ以外はスクラムと同様である。

特徴

LeSSは新しいスクラムでも、スクラムの改良版でもない。各々のチームがスクラムで、その上に別のレイヤーを重ねたものでもない。1つのプロダクトの開発を対象にしていることも、1つのプロダクトバックログを1人のプロダクトオーナーが管理することも、スプリントの中でいくつかのイベントを行いながら動くソフトウェアをインクリメントしていくこともスクラムと変わらない。それを複数チームで同期をとりながら行うのである。

LeSSに含まれているものは以下である。

- **必要最低限のルール**
- **ルールを効率的に適応させるためのガイド**
- **実験**

■LeSSのコアとなる原理・原則

LeSSは、スクラムと同様に、様々な開発現場の状況に適応するための学習の余地を残しているため、あえて不完全なものになっている。そのため、定義されたプロセスをそのまま取り入れるのではなく、検証を重ねながら適応させていく経験主義的な姿勢が求められる。

LeSSの原則

LeSSの原則は以下の10個である。

- **■LeSSはスクラムである**
- **■経験的プロセス管理**
- **■透明性**
- **■少なくすることでもっと多く**
- **■プロダクト全体思考**
- **■顧客中心**
- **■完璧を目指しての継続的改善**

■システム思考
■リーン思考
■待ち行列理論

この中で特徴的なものをいくつか解説する。

LeSSはスクラムである

LeSSは、スクラムの原理・原則、ルール、要素、目的を大規模開発に合わせて可能な限りシンプルに適応させたものである。

少なくすることでもっと多く

LeSSという名前の通り、成功を実現するためのフレームワークの拡張は最小限であるべきという考え方がベースにある。役割やプロセスを必要以上に増やすのではなく、あえて少なくすることでより多くのものを得ることを目指す。

プロダクト全体思考

LeSSでは、スクラムと同様に1人のプロダクトオーナーが1つのプロダクトバックログを管

図5-5 LeSS Framework[1]

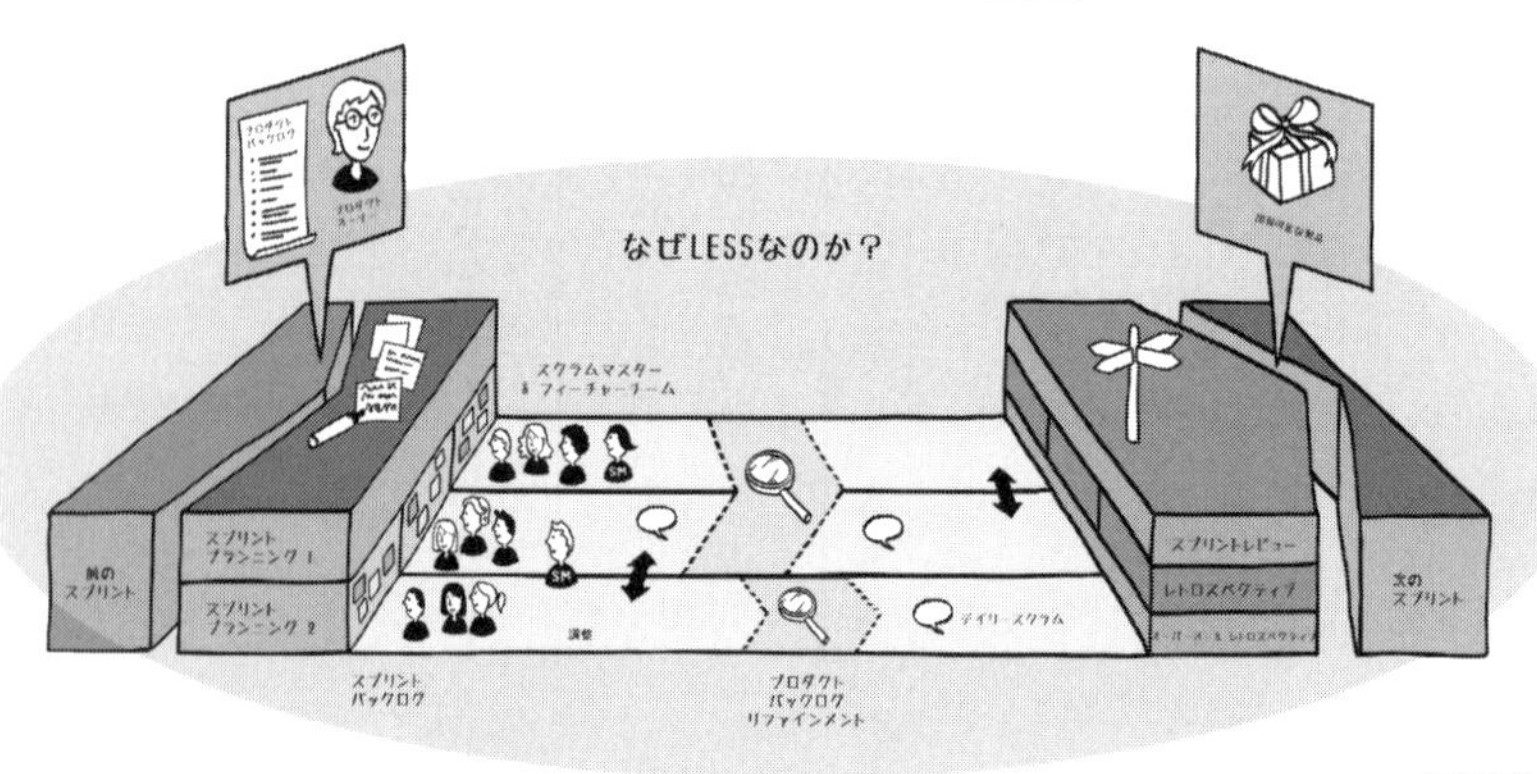

理する。大規模開発だからといって安易にサブグループに分割しないことで、プロダクト全体思考を支える。プロダクトオーナーの負荷が高くなることが予想されるため、LeSSのプロダクトオーナーは優先順位付けに注力をし、プロダクトバックログアイテムの明確化についてはそれぞれのチームがサポートをする。

また、チームがいくつに増えたとしても1つのスプリントを回していくこともスクラムと変わらない。顧客がほしいのは個別のコンポーネントではなく、ひとまとまりのプロダクトとして価値のある機能だからである。

LeSSのチーム

LeSSでは、技術中心のコンポーネントチームではなく、エンドツーエンドで顧客中心の機能を実現するフィーチャーチームで構成される。複数チームでも、スクラムと同じようにスプリントを回しながら動くソフトウェアをインクリメントしていくためには、それぞれのチームが依存関係を持たずに自己組織化されて動くことが求められる。

LeSSにおけるスプリントの流れ

LeSSにおけるスプリントの流れを解説する。

・LeSSスプリントプランニング（計画づくり）

LeSSのスプリントプランニング（計画づくり）は2つのパートに分かれる。スプリントプランニング1では、プロダクトオーナーとすべてのチームまたはチームの代表者が集まって、このスプリントで作業するアイテムを選択する。

スプリントプランニング2は、チームごとに選択したアイテムをどうやって実現するのかを考える場であり、設計やスプリントバックログの作成を行う。

・LeSSスプリントレビュー

LeSSのスプリントレビューはすべてのチームが合同で行う。バザール形式で実施されること

図5-6 LeSS Huge[1]

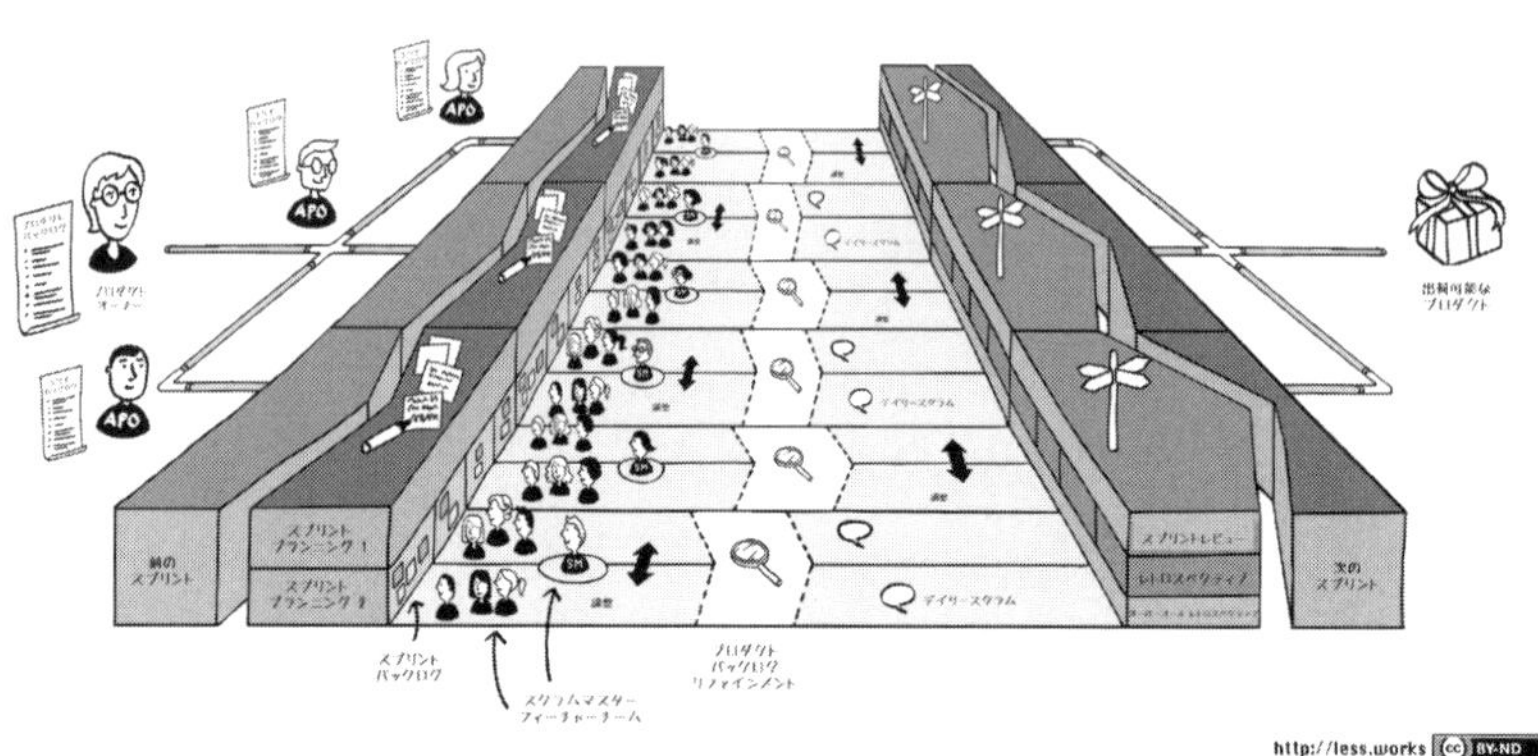

が多い。広い部屋で複数のエリアに分かれて、各エリアにそれぞれのチームの担当者がいて、開発したアイテムについてユーザーやチームと一緒に探索し議論をする。バザールが終わった後に、プロダクトオーナーと一緒に全員で次に何をするのかについて議論をする。

・LeSSレトロスペクティブ（ふりかえり）

LeSSのレトロスペクティブ（ふりかえり）は、各チームでスプリントレトロスペクティブを行った後に、全体でオールオーバーレトロスペクティブを行う。オールオーバーレトロスペクティブには、プロダクトオーナー、チームの代表者、スクラムマスター、マネージャーが参加し、複数チームやシステム全体に関わる問題を中心に扱って改善に向けた議論をする。

・LeSS Huge

LeSSには2つのフレームワークがある。LeSSは2から8チームを対象とし、LeSS Hugeは8チーム以上を対象としている。LeSS Hugeにおいても、1つのプロダクトバックログは維持し、スプリント単位でプロダクトを結合するが、プロダクトバックログに要求エリアを定義することが特徴である。各エリアが1つのLeSSになっていると考えるとイメージしやすい。

まとめ

LeSSは、シンプルにスクラムを大規模開発に適応させたフレームワークである。チームを中心に、大規模に適応させるために必要なものだけを追加している。そのため、ある程度スクラムに慣れたチームや組織にとっては、すんなりと受け入れることができるであろう。

一方で、用意されたプロセスやルールを使って一気に導入したい場合には向かないかもしれない。プロダクトやプロダクトグループの成長に合わせて学習を繰り返し、フレームワークも成長させていく姿勢が求められる。

Nexusと共通点は多いが、詳細では違うところもある。スクラムの共同開発者の1人であるケン・シュエーバーが開発したNexusとは違うルートで、開発現場の大規模開発へのニーズに適応していったスクラムの形だといえる。

Disciplined Agile

Disciplined Agile（以下、DA）[2]は、スコット・アンブラーとマーク・ラインズが提唱した、DAD（Disciplined Agile Delivery）をPMIが2019年に獲得し、付けた新しい名称である。XP（エクストリーム・プログラミング）、スクラム、カンバン、リーン・スタートアップ、アジャイル・モデリング、ラショナル・ユニファイド・プロセス（RUP）、PMBOKなど現在広く利用されている新旧の手法を総合的に利用しながらエンタープライズ向けに作られたコンセプトとなっている。

元になった書籍『ディシプリンド・アジャイル・デリバリー』[3]は非常に厚い本で、これまでのアジャイル手法の「百科事典」とそれに付属する手引書、という様相を呈している。

すなわち、これまでの「知恵」を目的に沿ってカタログ化し、その中からフェーズ中の活動ごとにやり方（プラクティス）を選んで、自分たちのプロセスに仕立てる。その際にあらかじめ立てたゴールを達成できるように自分たちの文脈からプラクティスを選択できるようになっている。

そういった意味で、DAはディシジョン・ツールキット（意思決定のための道具箱）と呼ばれている。

図5-7 Disciplined Agileの4つのレイヤー

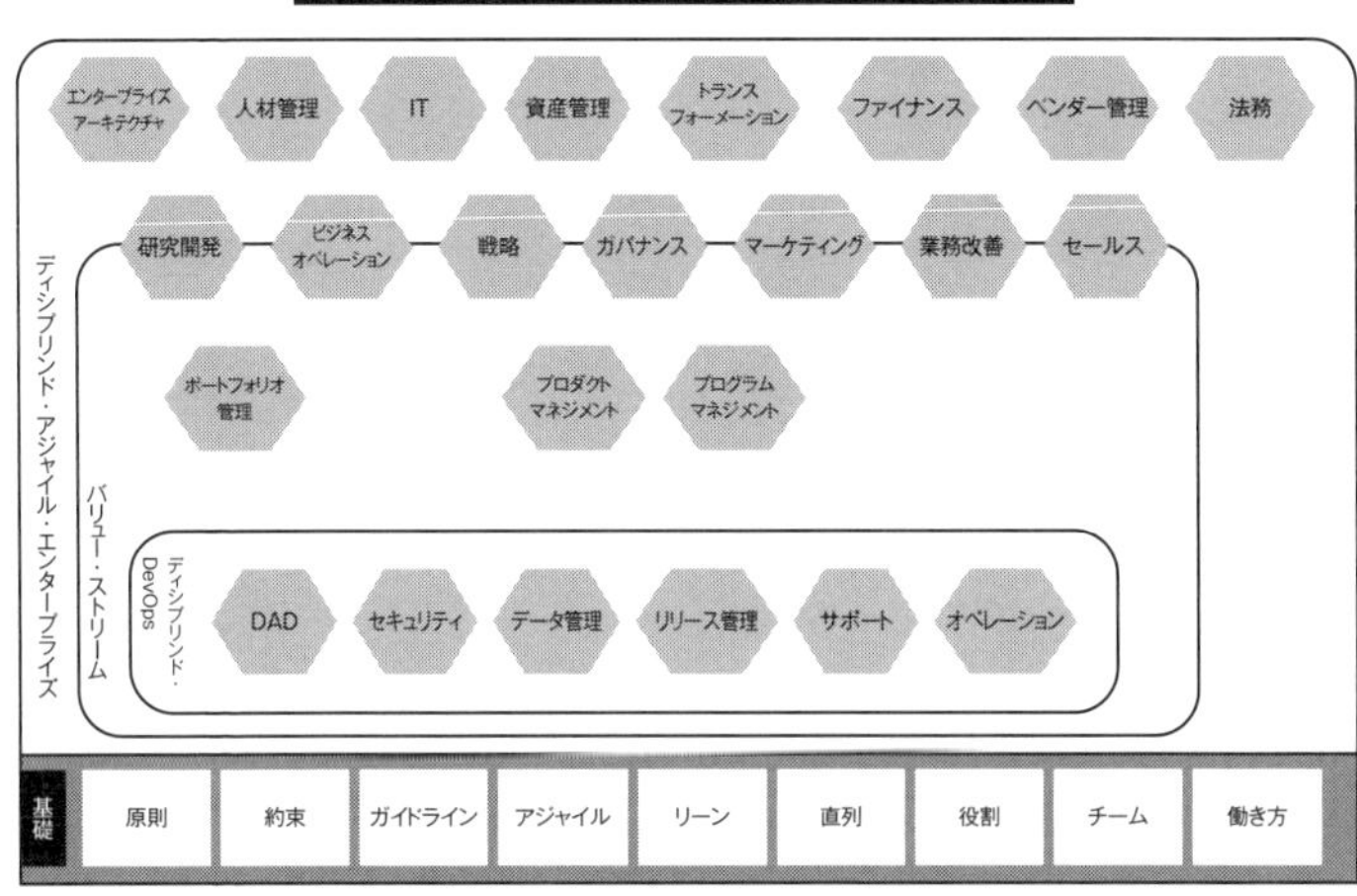

出典:「Introduction to Disciplined Agile（DA）」https://www.pmi.org/disciplined-agile/start-here を参考に日本語化

特徴

DAは、様々な背景を持った組織が、自分たちの企業活動プロセスを独自に定義できることが大きな特徴であり、選択の幅が大きい。対象もソフトウェア開発に留まらず、企業活動全般である。また、目的ベースで選択できるように各プラクティスをリスト化してあるため、組織でアジャイルを導入する際の手引き、ヒントとなる点が大きな特徴である。

4つのレイヤー

意思決定のツールは4つのレイヤーに分けて記述されている（図5-7）。

■基礎 ― マインドセットとしての原則、働

き方など

■ディシプリンド・DevOps ― 開発・運用に関する活動

■バリュー・ストリーム ― 研究開発から企画、マーケティング、営業までに関する活動

■ディシプリンド・アジャイル・エンタープライズ（DEA） ― 財務や法務、資産管理や人材管理なども含む、企業活動全般

スクラムが、基礎からDevOpsやバリュー・ストリームまでを対象としているのに対し、DAは、さらにその上位である企業活動全体を包含したコンセプトとなっている。

ゴール駆動、フェーズ、ディシジョン・ツールキット

DAは「ゴール駆動」である。各フェーズの活動ごとに「ゴール」が宣言的に書かれており、手順が書かれているわけではない。組織が、自分たちの実際のやり方を選択し、決定していく。その意味で「ディシジョン・ツールキット」と呼ばれており、手順的なプロセスではない。

「方向付け」／「構築」／「移行」の3フェーズそれぞれに複数のゴールが、さらに継続的に意識する「継続進行中」の活動に関するゴールも提示される。これらゴールの記述、バリエーション、パターン、アンチパターン、事例が提示され、ゴールを満たすための具体的手法を利用者が

選べるようになっている。

例えば、方向付けフェーズにおいては、「チーム作り」「リリース計画」にはじまり、「予算確保」などのゴールも含まれている。構築フェーズにおいては、「アーキテクチャの早期選定」「使えるソリューションの作成」「品質の改善」などが、移行フェーズには、「ソリューションのデプロイ」、さらに継続進行中には、「働き方の進化」「デリバリチームのガバナンス」などがある。

典型的ライフサイクル

典型的なプロセスのライフサイクルが6つ示されている。

1. **スクラムを利用したアジャイルライフサイクル**
2. **リーンライフサイクル**
3. **継続的デリバリー（アジャイル）**
4. **継続的デリバリー（リーン）**
5. **リーン・スタートアップ・ライフサイクル**
6. **プログラム・ライフサイクル**

利用する場合には、自分の組織の状況に合わせて、右記を選んでスタートし、それをカスタマイズしていくこともできる。1チームでも、習熟度、規模、ビジネス状況に応じてこれらのライフサイクルを遷移する。

まとめ

エンタープライズ対応に重きを置き、これまでアジャイルに含まれていなかった、「ガバナンス」「文書標準」「レビュー」「エスカレーション」「教育」「運用」「予算」「人事評価」などという言葉が出てくる。リアルな大企業でよく聞く言葉群だ。例えば、契約方法やリソースの戦略が「方向付け」フェーズの「予算確保」というゴールに登場する。

また、これまでチームベースのアジャイルがわざと避けてきた大域構造を示す言葉群、「アーキテクチャ」「フェーズ」を積極的に入れている。スコット・アンブラーの過去の仕事から、ラショナル・ユニファイド・プロセス（RUP）、アジャイル・モデリング（AM）、アジャイル・データ（AD）、などの視点もしっかり入っており、集大成的なアジャイル百科事典ともいえるだろう。

PMIがこの手法を取得したことで、今後PMBOKと相乗した普及活動が活発になるだろう。

第2部

アジャイル開発を実践するには
知識だけではなく、
開発現場それぞれの文脈に合わせた智恵と工夫、
そして行動力が必要である。
第2部では、日本国内でアジャイル開発を行っている
各社に最新事例を執筆いただいた。
また、著者の平鍋は各執筆者へ
インタビューを行い、
その現場の状況をさらに追うとともに、
リーダーたちの思いを語ってもらった。

アジャイル開発とスクラムを実践する

執筆：NTTコムウェア株式会社 薄井宏航（第6章）／株式会社永和システムマネジメント 岡島幸男、橋本憲洋（第7章）／ANAシステムズ株式会社 室木梨沙（第7章）／株式会社MAGICA Lab. 蜂須賀大貴（第8章）／KDDI株式会社 KDDI DIGITAL GATE 佐野友則（第9章）

第6章 ＮＴＴコムウェアにおけるカルチャー変革の航路

ＮＴＴコムウェア株式会社　薄井宏航

ＮＴＴコムウェアは、ＮＴＴグループの社内システムの開発・運用や交換機のソフトウェア開発を担う部門に出自を持つ企業だ。現在もＮＴＴグループのＣＩＯ補佐として、通信インフラを支える業務システムの開発や、グループのＩＴ推進を担っている６０００名の社員を擁している。

長年、電話という社会インフラの安定稼働に携わってきたが故に、開発プロセスにおいては工程ごと（要件定義・設計・製造・試験）の意思決定会議が必要であるなど、品質担保を最重要視したものとなっていた。

本章では、このような大企業において、大規模ウォーターフォール型のＳＩ受託を生業とする組織で、アジャイル経験のない社員たちがなぜアジャイル開発に取り組み始め、どうやって拡大していったかの軌跡を取り扱う。本取り組みの紹介が、新たな開発文化に対する着想になるとともに、それにチャレンジする勇気の一助となり、アジャイル開発の考え方や、それに付随するカイゼン文化が広がることを切に願う。

本章で取り上げる、NTTコムウェアにおけるアジャイル開発への取り組みの大まかな流れは、次の通りとなる。

■2013年　アジャイル勉強会発足
■2016年　アジャイル推進組織発足
■2017年　アジャイルを先端で実践する組織（筆者の所属する組織）の立ち上がり

顧客のビジネススピードに食らいつく

SoRからSoEへの事業領域変化

NTTコムウェアの屋台骨を支える、固定電話・光回線関連のシステム開発案件や、NTTグループ向けの大型ＳｏＲ[1]案件が減少傾向に転じると予測されたのは、２０１３年頃のことであった。

これらに代わる注力分野として、ＮＴＴコムウェアは「ＩＴによるＮＴＴグループの新規ビジネス展開の下支え」を軸に活動を始めていた。しかし、これまで仕事をともに行ってきたＮＴＴグループへの提案においても、ＮＴＴコムウェアの得意としてきた「ミッションクリティカル」「高品質・高信頼性」が顧客に響かないケースが複数出てきた。そればかりか顧客に、ＮＴＴコムウェアの開発モデルは「時間がかかる」「その割に追加要望の反映がされない」と指摘されるケースすら出てきたのであった。

このような顧客提案で得られたフィードバックや課題感を議論してゆき、ビジネススピードを重要視するＳｏＥ[2]領域に対して、従来のプロセスでは通用しないことを痛感したＮＴＴコムウェアでは、アジャイル開発に活路を見出し、ヒントを探るべく他社の取り組みや書籍に知見を求め、「アジャイル（スクラム）勉強会」を発足し、仲間を徐々に増やしていった。

推進組織の確立

勉強会のコアメンバーを軸に、「アジャイル推進組織」が立ち上がったのは、それから数年先のことであった。この頃には、顧客の「アジャイルは早くて安い」という誤解・トップダウンでの指示により、現場メンバーが考え方を理解せず、アジャイル開発に取り組むケースも発生していた。本組織は、社内で同時多発的に発生していた、これらアジャイル案件におけるノウハウ蓄積&展開を行うとともに、課題抽出と解決を行った。

抽出された課題の一例としては、初期スプリントにスコープを絞っても左記のような、チーム・組織における課題が挙げられていた。

■体制が整っていないのに始める／無理な計画を立てる
■インセプション・デッキやワーキングアグリーメントを「作っただけ」で満足する
■開発・リリース先の環境の具体化や準備を後回しにする
■アジャイル開発自体が目的化してしまっている

知識不足故に、アジャイルにおける、こういったアンチパターンを行ってしまっている現状に対し、アジャイル推進組織においては、「あくまでガイドであり、絶対のルールではない（自律的な考えや行動を阻害しないように）」という位置付けで、開発ガイドラインとして「アジャイル必携」を整備した。このドキュメントでは、スクラムに特化し、留意すべき点や、行った方が好ましい取り組み等、先人のリアルな知恵が凝縮されており、経験のないチームにおいても、共通言語・

共通認識を育むことに十分な内容となっていた。

実践組織の確立

これらの草の根的活動や、ガイドラインの全社的な公開により、アジャイル開発を社内で推進する気運が高まり、実際に顧客とともにアジャイル開発を行う先駆的組織として、2017年、新たな組織が立ち上がった。筆者が携わる、既存のプロセスに捕らわれず、SoEに注力し、その文化を展開する「出島」的な組織であった。

大規模SIマインドからの脱却

自担当を巻き込む

ここまではアジャイル推進組織による風土醸成について書いてきたが、ここからは、アジャイル開発の実践組織において筆者が実際に行った内容について取り上げる。

実践組織に各組織から集められたメンバーは、自身も含め、これまで受託SIを生業としていた面々であった。前述の推進組織のサポートがあり、座学ではアジャイルの考え方やスクラムを学んだものの、アジャイル開発についてはいわば素人の寄せ集めという状態であった。

そんな心もとないチームでは、いきなり顧客を巻き込んでも、容易にこれまで通り顧客の要望をイエスマンのように聞く「御用聞き」に戻ってしまう懸念があった。そこで私たちは、今までの受託マインドを180度変えるべく、アジャイルコーチを招聘し、自分たちが「あったらいいな」と考えるプロダクトを考え、担当のトップまで一丸となり、顧客役（プロダクトオーナー）と開発チームに分かれて実際にスクラムを試すことにした。小さな階段を一歩ずつ乗り越えてゆく道を選んだのである。

開発初期は、チームメンバーの発言は少なく、年長者のみが発言していた（アジャイルコーチに20点と指摘された）スクラムイベントも、小さなカイゼンを重ね、3ヶ月後にはチームメンバーの関係性はフラットになり、意見が飛び交うようになった。メンバーはスクラムの方法論だけでなく、その本質にある「課題を見つけ、5㎝の階段を上るように小さく改善する（検査と適応）」「困り事などは書き出し、空中戦にせず課題を解決する（透明性）」「誰かがやってくれる、を待たない（オーナーシップ）」といったマインドを学び取っていた。社員が顧客役を担ったため、顧客目線での不安感なども言語化されてチーム内にフィードバックされ、大きな学びを得ることができた。

「あったらいいな」で始めたプロダクト開発も、営業アプローチのツールとして世に出せるレベルに成長し、またチームの開発スピードも、これまでの大規模ＳＩでは考えられなかった、隔週でのリリースを達成するまでに成長していた。

顧客を巻き込む

次のステップとして、いよいよ顧客を巻き込み、ドローン関連のプロダクト開発に取り組んだ。自身はスクラムマスターとして、先の経験で学んだ「顧客の信頼を得ること」を最優先とし、顧客の巻き込みを積極的に行った。新規プロダクトであったが、NTTグループ内における想定顧客を捕まえ、定期的にプロダクトの使い勝手や、足りないと感じる機能などのフィードバックをもらう約束を取り付けた（実質的にはスプリントレビューだが、自分たちの力がどこまで通用するか不透明であったため、この時点ではそう伝えなかった）。

また、本質的なビジネス課題を発見するため、プロダクトオーナーとともに（ときには開発者も巻き込み）、顧客の現場業務に同行し、利用者の生の声や顧客の行動に注目し、現場のリアルな課題を捉える取り組みを行った。このように得た課題に対し、システムでの解決策をタイムリーにデプロイし、定期的に提示し続けることで、顧客の期待値を常に超え続け、信頼を獲得していった。この取り組みのためか、NTTグループ内におけるドローン関連の情報連絡会にて顧客による口コミの拡散が起こり、本プロダクトの影響力を広めることにも成功した。

開発者に対しても、部署内でのトライアルに引き続き、自分で決めたことを1つずつ実現してゆく楽しみを味わってもらうべく、顧客からの声や、どんなに小さくても感謝や褒めの言葉があれば、漏らさず伝えた。このような小さな成功体験の積み重ねをチームで祝い、ともに喜び次の活力にしてゆくとともに、「工夫」や「カイゼン」を奨励し、お互いを褒め合い、切磋琢磨し合える関係性の構築に尽力した。

組織を巻き込む

1つのチームがうまくいっただけでは、成功とはいえない。後に続くプロジェクトを増やしたい、という思いから、培ったチーム文化をほかのチームへ受粉させることを狙い、積極的に社内での展開にも注力した。技術系の社内イベントにおいて、自身のチームで取り入れた新しい技術要素の報告はもちろんのこと、「夏祭り」と題して自担当の成果をPRする取り組みを企画・開催したり、社内の組織長・幹部向けにも自分たちの取り組み、挙げている成果や学びを共有したりと、積極的にアピールした。

例えば、様々なアジャイルイベントで取り入れられるLT（ライトニングトーク）を社内に紹介した例では、まず初めに実施の協力が得られやすい自身の部署内のメンバーにおいて、思い思いのテーマでLT大会を開催した。その模様を取りまとめ、組織長へ「流行りのLTを社内でやってみた」という発表をLT形式で披露した。この取り組みによって、組織での年度ごとのキックオフにおいて、これまでの組織長が一方的に話す形式から、社員それぞれが、よい取り組みをLTで発表し、質問する双方向コミュニケーションに変わり、文化醸成の確かな手応えを感じた。

担当全体として、鰻屋のように「いい匂い」を放ち、それに（言い方は悪いが）釣られて「何か面白そう」と見学や問い合わせに来る人たちを歓迎することで、他花に文化の受粉を図っていった。

取り組みの評価とさらなる展開

社内認知の高まりと、それに伴う課題発生

このような取り組みを1年間継続していると、全社的に評価され始め、担当内から社長表彰の受賞案件を輩出することができた。社内認知の高まりにより、これまでリーチできていなかった顧客や、新領域での社内協業が増え、アジャイルを始めたい組織からの問い合わせや、アジャイルが適している案件が数多く飛び込んでくるようになってきた。

このような状況になり、課題が見えてきた。これまでアジャイル開発に取り組んできた中でも、品質担保のための意思決定プロセスや、各種手続きは既存のルール通り愚直に取り組んできていたが、案件増加に伴い、さらにスピードを上げる必要性が出てきたのだ。

社内プロセスの変革

そこで、これらの既存プロセスが抱える課題感―例えばNTTコムウェアとしてウォーターフォール開発で積み上げてきた、統計データに基づく品質評価が、

■**案件ごとに完成の定義が異なり、試験工程をまとめて取らないスクラムに適さない**
■**意思決定の会議体に必要となる、資料作成や事務処理、事前説明等が煩雑である**

といった課題―に対し、冒頭で出てきたアジャイル推進組織とともに、カイゼンに取り組んだ。

このプロセス改革においては、アジャイル開発の実践と同様、守破離のマインドで取り組んだ。実際にスクラムを行う中で、社内プロセスに対し理想論を押し付けず、既存のプロセスで取り組み、結果として見えた既存制度の課題点を、他組織を巻き込むことで社内プロセスの変革につなげたのである。

例えば品質評価のプロセスにおいては先述の通り、統計データに基づいたテスト消化曲線やバグ発生曲線の収束を目指す従来型の評価方法が主流であった。しかし、開発の中で試験を同時に実施する私たちのチームでは時系列曲線を描くことができない上、「バグ」の定義も困難であった。

こういった課題に対し、定性的な評価として「プロダクトオーナーによる評価レポート」や、「品質コントロールのために行った施策の透明化」を用い、定量的な評価として「循環的複雑度」や「長期的に見たモジュールごとのコミット数」（コミット数が多い＝リファクタリング頻度が高いモジュールは要注意）を用いる等、新たな品質評価の可能性を品質管理部門と連携して模索した。これら新たな指標値の出力に自動化を組み合わせることで意思決定プロセスの短縮化に挑戦した。

これからの取り組み

挑戦と変革

新たな担当の立ち上げというキッカケはあったものの、新しいプロセスを取り入れ、既存のルールに対し、愚直に取り組み、正面から課題にぶつかることで、カイゼンへつなげてきた。このことにより、個人の変革や、顧客関係の変革が連鎖的に起こり、会社組織の変革につなげることができたと考える。

ＮＴＴコムウェアという、受託型のＳＩが強く根付いている企業において、まったく新しい開発文化を取り入れ根付かせることは、当初は長い茨の道に見えていたが、初めの一歩を踏み出すことで周囲からのフィードバックをもらえ、次の一歩の糧となることを私はこの3年間で痛感してきた。

新たなる挑戦

ＮＴＴコムウェアはさらなる一歩として、「チームビルディング」と「コミュニケーション」に注目したアジャイル開発基地「COMWARE TO SPACE」の運用を始めている。会社の文化変革を本気で行うことを体現するシンボルとして、複数のアジャイル開発チームが参画し、練り上げた空間だ。さらに、「COMWARE TO AGILE」と題した社内認定制度を設け、アジャイル開発のナレッジや、マインドを会得した人材の透明化を行い、要員数を２０２１年には業界トップ水準に拡大してゆく見込みだ。ＮＴＴコムウェアは今、受託ＳＩというコンフォートゾーンを能動的に破り、変革への道のりを歩み始めている。

It is not the strongest of the species that survives, nor the most intelligent that survives. It is the one that is most adaptable to change.

- *Charles Darwin* -

INTERVIEW

組織改革では、社内の既存プロセスとのすり合わせに一番苦労しました

平鍋健児 × NTTコムウェア株式会社 薄井宏航 氏

――お話の中に、「推進組織」と「実践組織」が出てきます。薄井さん自身はどちらに所属されたのですか？

実践組織です。私自身は推進組織には所属していなかったのですが、彼らの活動がなければ、会社としての開発文化変革へは至らなかったと考えています。「アジャイル必携」を作成するだけでなく、アジャイル開発へ初めて取り組む組織の支援を行ったり、外部のアジャイルコーチを招聘し意見を取り入れようと、文化改革に向けた案を経営企画部に持っていったりと、かなり幅広く活動をしています。

――最初に作られた「アジャイル必携」ですが、どんな内容だったのでしょう？

基本的にはスクラムガイドに準拠する内容となりますが、弊社文化に即し、部分的に拡張しているものです。

代表的な例としては、

■チーム黎明期においては、プロダクトオーナー、スクラムマスター、開発者のほかに、品質の透明性に責任を持つ「クオリティコントローラー」を体制に含めることの推奨

■品質評価を目的として、取得するべき指標値（循環的複雑度）の提案や、その運用の仕方に関する提案の記載

など、品質に関する話題が多く触れられており、『「早くて安い」といったアジャイルへの誤った認識を広めないぞ』という、これを策定したメンバーの熱いメッセージ性を感じます。

事細かなHOWには立ち入っていませんが、主にWHYを提示して、現場の創意工夫を促すドキュメントになっており、現場の声を反映し、運用にフィットするような改版や、ノウハウ・プラクティスの追記がされ、ドキュメント自体も成長しています。

――実践の中で、顧客の期待を常に上回り、さらに、開発チームには達成感を演出する活動をされていますね。スクラムマスターは苦労されたのではないですか？

アジャイルコーチから、「スクラムマスターは孤独だ」という言葉を聞いていたのですが、実際やってみて、そう感じる場面が多数ありました。チームに対しては、ONとOFFを切り替えるというか、褒めるだけでなく、ときにはチームに嫌われるのを覚悟して厳しいことを言う場面もありました。

しかし、結果的にはチームに受け入れてもらい、様々な達成感をともに味わうことができ、疲れよりもプラスな面が多かったように思います。

チームの雰囲気を壊したくなく、常に「課題VS私たち」を意識していたので、チームからのフィードバックで、「課題を発見し、課題と戦う姿勢」を褒められたときは嬉しかったです。

——品質評価プロセスは、社内に専門の部隊がいるのですか？

評価プロセスについては、長年の開発実績により培われた統計的な指標値があり、これらに基づき判断をできるような仕組みとルールがあり、このプロセスを管理する部隊がいる、という状況でした。

弊社には文化ともいえるほど長い時間をかけて成熟された仕組みがあり、それを誇りとして仕事をしている人たちも多くいます。これらをビッグバン的に変えることをゴールとしても、不要な反発を産むだけだと考え、課題感を正しく伝え、やり方を模索してゆくことに尽力しました。

課題感を正しく伝えるためには、まず既存ルール通りやってみるのが正攻法と捉え、イテレーションごとに社内稟議を愚直に行ったのが苦労した点といえます。

――品質評価プロセスといえば、例えば既存のテスト消化／バグ発生曲線は、もう使われていないのでしょうか？

アジャイル開発手法を取り入れる案件では、使われていませんが、ウォーターフォールでの開発案件では使われています。

実は、弊社内の品質評価プロセスは、アジャイル開発案件と、それ以外で分けられています。この切り分けについては、アジャイルで取り組むのが妥当か、審査によって振り分けています。審査観点は弊社独自のものですが、先日IPAから発表された『アジャイル開発版「情報システム・モデル取引・契約書」』における「契約前チェックリスト」[3]にかなり近い形です。

――最後になりますが、薄井さんは、すべてのプロジェクトがアジャイルになる、もしくは、なるべきだ、と考えますか？

個人的にはなるべきだ、と考えます。人間が成長し続ける生き物である以上、その活動を支えるITシステム開発や、それ以外の営みも、同等以上のスピードで成長する必要があると思います。それを実現するためにも、アジャイルは不可欠と思います。また、アジャイルマニフェストは、人間の持つ、大きな成長の可能性に着目しているように感じており、その点でも親しみを持っています（笑）。

――本当に辛抱強く、地道に変えられてきたのですね。しかも、明るく。組織を変えていくときに、「思い」をともにする「仲間」を持つこと、情熱を持ち続けることの大切さが滲み出ている事例でした。ありがとうございました。

第7章

アジャイル受託開発を成功させる〜ANAシステムズと永和システムマネジメントによる共創型開発に至る道のり

株式会社永和システムマネジメント 岡島幸男 橋本憲洋
ANAシステムズ株式会社 室木梨沙

よく知られているように、日本におけるソフトウェア技術者の大半は、SIerやメーカーなど、いわゆる「ベンダー側」に所属している。これは、ユーザー企業に大半が所属するアメリカとの対比で、日本におけるDX（デジタルトランスフォーメーション）やアジャイル開発普及の遅れの一因として捉える向きも多い。

しかし、特にここ数年で、日本でも大手ユーザー企業を中心としたエンジニアの内製化の動きは活発化している。ソフトウェアエンジニアを育成するだけでなく、多段階の請負構造における問題点を直視し、ベンダーと新しい関係を築こうとする試みも見られる。

本章は、そのような取り組みの1つの事例として、ユーザー企業・システム子会社・開発ベンダーの3社による典型的な受託開発を取り上げる。そこには、「アジャイル開発を通じたユーザーとシステム部門とベンダーの共創であり、しかもそれを完全なリモートで成し遂げた」というユニークさがある。

業務改革推進のための内製化

ANAシステムズ（以下ASY）は、ANAグループのシステム構築・保守を担当しているが、ただシステムを導入することを目的とするのではなく、その先に、ANAグループ全体の業務効率化や業務改革につながることを意識して取り組んでいる。

近年では、その進展のために「Be a Builder」というキャッチフレーズを掲げ、さらなる開発内製化を推進している。ここでの「Be a Builder」には、コードを書けるようになるだけでなく、設計やマネジメントにおけるモダンな手法の使いこなし、さらには、企画やプロジェクト推進におけるさらなる主体性の発揮など、幅広い意味が込められた。

また、ASYと外部ベンダーそれぞれの強みを活かしつつ、役割の全体最適を通じた関係強化を図る、共創型の新しい受託開発の模索も続けている。

アジャイル開発への取り組みは、このような背景でスタートし、最初のターゲットとして、「新OAプラットフォーム」が選ばれた。新OAプラットフォームとは、主にGoogle Cloudを基盤とする軽量なシステム群で、空港やオフィスなど様々な現場での業務効率化を実現することになる。この後事例として説明する「遺失物管理システム」も、そのようなシステムの1つだ。

今回、永和システムマネジメントが内製化に向けたパートナーとして選ばれた背景には、Google Cloudに精通していただけでなく、「Be a Builder」というコンセプトに、開発ベンダーでありながら共感を持てたことがある。永和システムマネジメントには、顧客の内製化を共創（顧客と一緒にアジャイルな開発をし、そこでともに成長すること）を通じて実現しようというビジョンがあり、それを具現化したアジャイルスタジオ福井という開発拠点があったことも大きい。

アジャイルによる受託開発の実際

2020年11月現在、ANA、ASY、永和システムマネジメントの3社体制で、共創型開発

図7-1 アジャイルスタジオ福井にて。ASYメンバーとのモブプログラミング

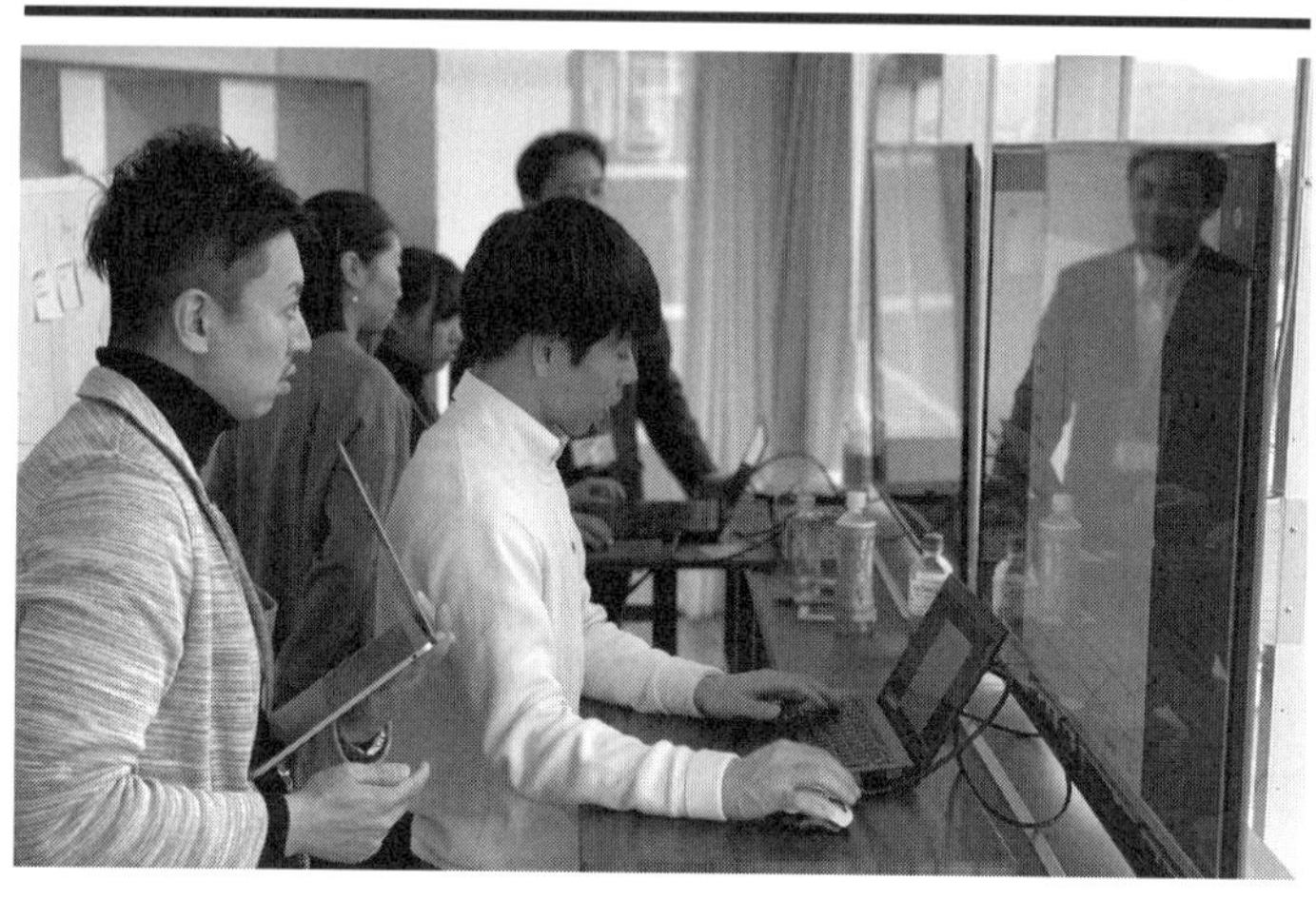

の真っ只中である。ここでの「共創型開発」とは、ASYと永和システムマネジメントの双方のメンバーで開発を進めることである。アジャイル開発チームのメンバーとしてシステム部門であるASY社員が含まれるこの体制は、開発内製化が進められている証であり、まさに「Be a Builder」を体現しているといえよう。

このような共創型開発を機能させるには、受発注関係を超えた会社間の強固な信頼関係の構築と、それをもたらす成功体験の共有が必要となる。本節では、そのターニングポイントとなった遺失物管理システム開発プロジェクトについて、主にASY視点でふりかえることで、成功要因を示してみたい。

システム部門がプロダクトオーナーを代行する

遺失物管理システム開発はユーザーであるANA、システム部門であるASY、そしてベンダーである永和システムマネジメントという3社の協力関係で実施された。これは日本における開発現場ではよくあるパターンだ。このシチュエーションにおいてカギを握るのは、ユーザーとベンダーの「間に挟まる」立ち位置となるシステム部門で、特にアジャイル受託開発においては、従来に比べより積極的な立ち回りが期待される重要なポジションとなる。

通常受託開発の場合は、ユーザー企業（部門）からプロダクトオーナー（以下PO）を出すことが多い。しかしながら遺失物管理システム開発においては、複数のユーザー部門の意見を取りまとめることが求められること、システム開発や運用に関する知識も必要となることなどから、システム部門であるASYがプロダクトオーナー代行（以下PO代行）として、その役割を担うこととなった。

PO代行は、ユーザー部門の期待する価値と開発チームの提供できる価値のすり合わせを行いながら、プロダクトバックログアイテムの優先度を決定する。今回、補助やアシスタントではなく、代行と呼んでいるのはそのような責任・役割であったことを強調するためだ。要は、「POが多忙なときにその補助をする」のではなく、「POの代わりにPOとしての全権を持つ」とい

図7-2 アジャイル受託開発のフォーメーション

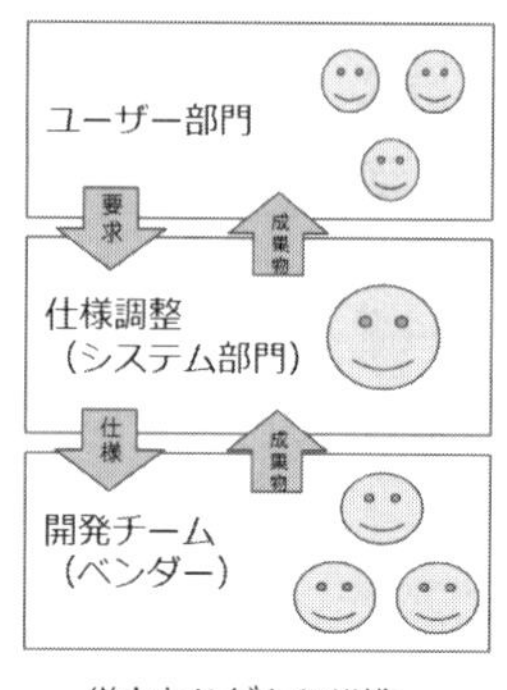

従来ありがちな構造

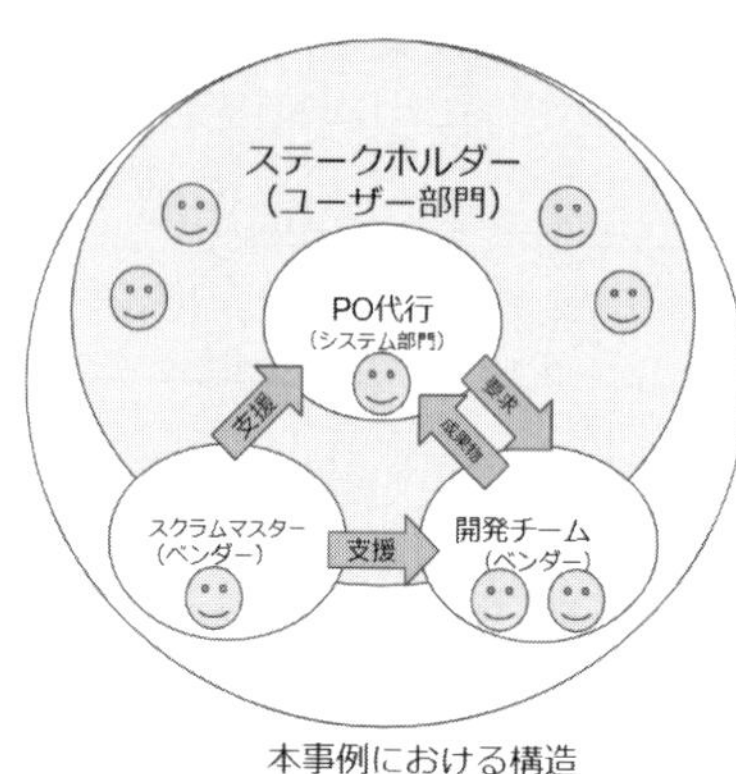

本事例における構造

うことであり、開発チームに対しては、POそのものとしてふるまう必要がある。

図7-2は、今回の事例におけるフォーメーションを従来型と比較したイメージであるが、基本的に、スクラムにおける3つの責任（PO・スクラムマスター・開発者）に則っている。

しかし、「システム部門がPO代行です」とその役割を宣言しても、それだけでユーザー部門との情報共有が効率化されたり、チームの動きがよくなるわけではない。図を見ると、PO代行とユーザー部門だけでなく、開発チームやスクラムマスターなど、従来に比べコミュニケーションパスが増えることや、コミュニケーション起点がPO代行となるケースが増えることに気づくだろう。

それでは、実際のＰＯ代行にはどのようなことが起きうるのか、特に印象に残るエピソードを軸に紹介していこう。

容易ならざる道のりとＰＯ代行としての成長

スクラムマスターからのサポートと、遺失物管理システム開発以前の案件での共有体験があったとはいえ、ユーザーやベンダーとの連携は、決して順風満帆ではなかった。納期が決まっているにもかかわらず開発序盤は要件の不確かな機能が多く、全体の開発ボリュームが見えないまま開発が進んでいた。

ユーザーは、コロナ禍の影響により膝を突き合わせたミーティングができないことに大きな不安を抱えていた。一方、開発チームには、これまでの案件と同じように作ることができれば期間内にすべてのスコープを完成できるだろうという楽観的な気持ちがあったように思う。

ゴールも見えず曖昧な状態が続き、開発期間も半ばに差し掛かった頃、本当にすべて作りきれるのだろうか？　今のままではどこかで破綻するのでは？　とＰＯ代行にも開発チームにも不安が募り始めていた。

「全体像が見えてないよね？　まずい状況じゃない？」

「優先順は本当に決まってるの？　ユーザーとの合意はできてる？」
「今、この仕様変更でどれだけのインパクトがあるかユーザーはわかっているのかな？」

ＰＯ代行と開発メンバー全員が参加していたスプリントプランニングで、ついに皆の言葉となってあふれ出たのだ。

これをきっかけに、ＰＯ代行は腹を割って話をすることが必要であると判断し、まずは開発チームに具体的なゴールの認識合わせをしようと呼びかけた。

明確にしたのは残り期間で完了可能な要件、すなわちプロダクトバックログのボリュームである。開発期間の中盤ということで、多くの機能要件がはっきりしてきたことと、開発のベロシティが安定してきたこともあり、開発当初と比べて精緻にストーリの見積ができた。その結果、残りのプロダクトバックログの4分の1程しか消化できないという現実を突きつけられたのである。

ＰＯ代行としてこの状況を包み隠すことなく正直にユーザーへ説明することで、ユーザーも覚悟を持ってストーリを見るようになった。優先度の低いストーリは次々と切り捨てられ、本当に必要なものが何であるかを考えるようになった。またユーザー自らが、スコープに収まるようストーリの分割を模索したり、仕様の変更がどの程度開発に影響するのかといったことまで気にしたりするようになったのだ。

図7-3 プロジェクト最終日の記念写真

ユーザーによるスコープ調整が進んでもなお、残ったプロダクトバックログは期間内に終わる想定の範囲を超えていた。しかし、ユーザーとPO代行の決断を目の当たりにしたことで、ユーザーのために頑張ろうと開発チームの士気は向上していた。

この頃からPO代行は毎日デイリースクラムに参加するようになり、それ以外のオンライン開発の場にも顔を出すようになった。そうすることでPO代行と開発チームとの情報の共有がスムーズになり、お互いの距離感が格段に近くなったのだ。ユーザー、PO代行、開発チームの状況がわかりやすくなったことに加え、状況に応じてPO代行が開発チームの作業を手伝うこともできるようになった。

このように、実直な情報共有でお互いの距離感を縮めてチーム力が高まったことにより開発スピードも加速し、当初ユーザーが不安視していたフルリモートでの開発にもかかわらず、期待を上回るゴールの達成につながり、笑顔の最終日を迎えることができたのである。

ネゴシエイターとしてのシステム部門

ＰＯ代行という役割を通じてＡＳＹが学んだ大切なことは、メッセンジャーや調整役に留まっていてはうまくいかないということである。まず何より、ユーザーであるＡＮＡに、今までと今回のやり方（アジャイル開発）との違いを、正しく理解してもらう必要があった。一方、ベンダーである永和システムマネジメントに対しても、企業固有の事情への理解を求めることもあった。つまり、双方に対して交渉（ネゴシエイト）を行ったのだ。

具体的には、ユーザーと開発チームに対して、次のように行動した。しかも一度きりではなく、何度も何度も、である。前述したエピソードは、そのようなＰＯ代行としての積み重ねであり成長の軌跡である。

■ユーザーへの働きかけ

・アジャイル開発の基本的な進め方をプロジェクト開始前から説明し、アジャイル開発の理解を促した。

- 開発当初のスコープが絶対ではなく、ユーザーとの協議によって開発途中でも変わっていくことの理解を進めた。
- 要件が決まっていないこと、変更要素が多分にあるような状態では開発が進まないことを理解してもらい、スクラムイベントに参加しなければ本当に必要なものが手に入らないことを説明した。

■**開発チームへの働きかけ**

- 要求の追加・変更に対する影響範囲や代替案の説明は、ユーザーにとってのわかりやすさを重視することを依頼した。
- 現状を楽観視せず、ユーザー視点を持ち続けてもらえるよう依頼した。

一般に交渉を成功させるには、提案が相手にとってメリットがあることを説明するだけでなく、見返りとなる成果を実際に示す必要がある。スプリントでのリリースを行うアジャイル開発は、成果が早めにユーザーに届けられるため信頼を勝ち取りやすい。例えばユーザーにスコープ変更を納得してもらうことで、次のリリースの質が上がる。このように、「見返り」を相手に早めに手に入れてもらえることは、アジャイル開発の本質的なメリットであろう。

図7-4 会議体と部門ごとの参加有無

会議体	開発チーム	システム部門	ユーザー部門
デイリーミーティング	○	○	×
開発	○	△	×
レトロスペクティブ	○	△	×
スプリントプランニング	○	×	×
リファインメント	○	○	○
スプリントレビュー	○	○	○
ユーザー側ミーティング	×	○	○

またPO代行は、コミュニケーションの要である各種会議体にも注意を払っている。図7-4に、遺失物管理システム開発にてユーザー部門、システム部門、開発チームがどの会議体に参加していたのかをまとめた。

システム部門は可能な限り多くの時間を開発チームと過ごしていたことがわかる。リファインメントおよびスプリントレビューでは全員が参加し、部門を越えたコミュニケーションを行えていた。

さらに、システム部門とユーザー部門のみで実施する「ユーザー側ミーティング」をスクラムイベントとは別に行うことで、ユーザー部門の意見を深堀りする時間も設けていた。スクラムで定められているイベントだけにこだわらず、ユーザーや開発者にとってメリットのある形を模索した結果である。

最後に、スプリントレビューやバックロググリファインメントなど、ユーザーと開発チームが一堂に会する機会では、ＡＳＹは、ＡＮＡが直接ベンダーである永和システムマネジメントに指示する場にならないようにコントロールすることで、契約上の問題が発生しない対策も行っていたことを補足しておきたい。

受発注関係の垣根を超えるために

今回の事例は、主にシステム部門であるＡＳＹのふるまいを中心に取り上げたが、当然、アジャイル受託開発や、そこからつながる共創型の開発を成功させるためには、それぞれの立場で、旧来の受発注の関係から意識を変える必要がある。本章のしめくくりとして、我々のこれまでの経験から、それぞれに必要なチャレンジだと考えることについてまとめる。

ユーザー部門

人任せにせず自らが、自分たちのシステムの価値と、アジャイル開発を採用する意義を理解すること。スプリントレビューやリファインメントに参加することで開発チームと直接対話し、彼らの意見にも耳を傾けること。

システム部門

ベンダーへの丸投げという構図を選択することなく、ＰＯ代行としてユーザー部門と開発ベンダーの価値のすり合わせを積極的に行うこと。ベンダーとの共創を通じてアジャイルな手法を学び、内製化にも取り組むこと。

開発ベンダー

共創関係での開発は、今までとはまったく違うビジネスモデルを検討する必要がある。一括での利鞘や人月ボリュームで利益を上げようとするのではなく、エンジニアとしての価値向上と、ユーザーへの本業貢献に今まで以上に真剣に取り組むこと。

それぞれの立場でアジャイルへの理解を深めるのは当然のこととして、今までの役割やルールに過剰に縛られることなく、お互いの立場への理解と共感を深め、手をつなげる「のりしろ」を増やしていくことで、硬直的だといわれる日本の開発現場にも、着実に変化は広がっていくと考える。本事例が、そのような現場のヒントとなれば幸いである。

INTERVIEW

ユーザーの声を直接聞くことが、同じ思いを持って開発に取り組むために必要なことだと考えています

株式会社永和システムマネジメント
橋本憲洋 氏
ANAシステムズ株式会社
室木梨沙 氏

×

平鍋健児

——今回PO代行となった室木さん、開発のスクラムマスターを担当した橋本さんからお話を伺いたいと思います。本文の中で、要件のボリュームに開発が追いつかず、「厳しい現実を突きつけられた」という場面が出てきます。どのような心境でしたか？　これまでですと、ベンダーに「何が何でも頑張ってもらう」のが契約というかよくあるプレッシャーのかけかただと思うのですが。

室木　初めの頃、アジャイルでの進め方を私自身が理解できていないときは、ユーザーの要望をすべて取り込もうとしていました。しかし、優先順位を付けて対応すべきだと気付かせてくれたのが、永和の開発メンバーでした。開発の進め方をいろいろと相談しながら、ユーザーの要望と開発タスクのバランスの取り方を学んでいけたのだと思います。

遺失物管理システム開発でボリュームが明らかになったときは愕然としましたが、優先順位付けの重要さと一致団結して取り組む決意ができました。開発メンバーに対しては、「もっとできるだろう・やってくれるだろう」という期待が私の中にあったと思います。若干のプレッシャーはかけていたかもしれませんが（笑）、開発メンバーでなくてもできることは私がやるので、開発に集中してほしいという思いでした。

橋本　要件確定している前提の案件ではなかったですし、どんどん要求が変化していったので、正直このままでは到底作り終わらないなと思っていました。まずいなぁとは思っていながらも初めはボリュームを見積もることができる状態ではなかったため、見積ができるようになってから実際にできるラインを説明しました。ただし、言われたものだけを作っているのではなくユーザーのことを考えて開発している自信がありましたし、プロダクトバックログの具体的なボリュームの根拠を示して正直に説明すればＡＳＹもユーザーも理解してくれると信じていました。契約が準委任契約であったことも心理的にハードルは下がっていたと思います。

――ユーザー部門が複数だった、というのも今回の特徴だと思います。複数のシステムを1チームで開発した、ということですか？　そうすると、優先順位はどうやって決めるのでしょう？

室木　1チームで複数案件を開発しているときは、案件単位で優先順位を付けて、週単位でどの案件に取り組むかを決めて開発していました。案件を跨いだ優先順位は、スケジュール期限が高い要件のものだけ優先していました。

――いろいろなイベントがありますが、特に重要視したイベントは何ですか？

室木　一番大事にしているのは、ユーザー・開発メンバー全員が顔を合わせるキックオフです。ユーザーには開発の進め方を理解してもらう場、そしてユーザー自身も開発に関わることを意識してもらえる場です。ユーザーから案件に対する熱い思いを直接聞くことで、困っているユーザーを助けるために頑張るという、システム部門側のモチベーションにつながっていると思います。

遺失物管理システムはコロナ禍の影響で直接顔を合わせることができませんでしたが、できる限り同じ場に集まって空気を感じることも大事だと思っています。スクラムイベントの中で重要と考えているのは、スプリントレビューです。ユーザーのフィードバックが直接聞けて次に活かすことが大事だと感じていました。

橋本　キックオフは大事ですね。形式的なキックオフではなくてユーザーとざっくばらんな話をすることが重要だと思っています。企画書には現れない本当の困り事が垣間見えたりします。スプリントレビューでは開発側の思いをユーザーに直接届けることができますし、開発で頑張ったちょっとしたサプライズなんかを喜んでいただけたりします。またユーザー視点では開発が難しいだろうと思っていることでも案外簡単に実現できることがあるものです。そういうことをその場で伝えることで喜んでいただけることもよいですね。

――PO代行の立場はときに孤独で、悩む場面もあったと思いますが、どのように乗り越えたのでしょう。

室木　ユーザーに、ちゃんと価値のあるものを届けたいという思いと、一緒に頑張って高め合う仲間がいたからです。悩みを聞いてくれるメンバーがいて、一緒に戦ってくれたからですね。

橋本　ASYの仲間だけではなく私たちとも大きな声では言えないことも含めいろいろな話をしてくれました。室木さんは発注側という姿勢ではなく、ユーザーの課題を解決する仲間として接していただいていました。だから私たちも1つのチームメンバーとして室木さんの困り事に向き合えたと思います。また、一緒にユーザーの声を直接聞く場面は貴重でした。

室木　ユーザーの声を直接聞くことが、同じ思いを持って開発に取り組むために必要なことだと考えています。切実なユーザーの思いを聞き取ることもできていました。せっかくユーザーと対話することが可能なので、温度感も感じながら直接話を聞くことに価値があると思っています。

橋本　決して伝聞ではない直接の会話でユーザー本人の口から出てくる言葉には重みがありますね。そのときの切実な思いを受け止めることでプロダクトのどこに力を入れたらいいのか考えやすくなりました。

――最後に、お二人のモチベーションは、どこからきているのでしょう？

室木　ただ、ユーザーが必要とする機能を提供するのではなく、システム導入後の業務改善も見据えながら取り組んでいるので、ユーザーの笑顔につながることに関われているのが楽しいです。

そしてやっぱり、一緒に高め合い頑張る仲間がいることが一番のモチベーションにつながっています。アジャイルの思考も好きです。

橋本　これまでの自分のスクラム経験を活かすことでチームがどんどん変わっていく様子が楽しいです。そして開発の場に笑顔があふれ、そんな場から生み出されるプロダクトをユーザーに使ってもらうことで、嬉しいフィードバックをいただけます。するともっといいものを作ろうという勇気になる。そうやってみんなが集まりたいと思う場を作ることがモチベーションになっています。

――日本ではユーザー企業・システム子会社・開発ベンダー、という組み合わせの開発が今後も残っていくと思います。そのような形態でのアジャイル開発として、とても意味のある事例だったと思います。その中で、みなさんの立場で苦労されたこととその中で見つけてきた仕事のやり方が見えました。ありがとうございました。

第8章

小さな成功から築き続けるIMAGICA Lab.のアジャイル文化

株式会社IMAGICA Lab.（当時）　蜂須賀大貴

IMAGICA Lab.は映画、テレビ番組、CM、VOD[1]など私たちの生活に密接に結びついたエンターテイメントを支える映像制作技術会社である。その歴史は1935年にフィルムの現像・プリント事業から始まり、80年超の歴史の中で映像技術の進化とともに歩み、映像業界をリードしてきた。

2020年7月現在、1000名を超える従業員の多くは映像の編集・音声等の加工業務に従事しており、撮影から仕上げまでを一貫して行うアジアでも数少ない企業である。近年では、クラウド環境やＷｅｂ技術を使ったソフトウェア開発にも力を注いでおり、約20名の従業員がその業務にあたっている。

本章では、IMAGICA Lab.の開発チームにおけるスクラムの導入と成長、そして開発チーム以外におけるアジャイルへの変革という2軸で1年半の軌跡をふりかえっていく。「これからスクラムチームを組成しようとしている人」「非エンジニア組織にＤＸ（デジタルトランスフォーメーション）を推進したい人」が一歩踏み出すきっかけとなることを切に願う。

背景：映像業界とそれを取り巻く環境

初めに、普段なかなか表に出ない、映像業界を取り巻く概況について紹介したい。

昨今、モバイル端末を中心としたハードウェア性能の進化やネットワークの高速化に伴い、映像視聴はより生活に根付いたものになってきている。個人でも手軽にライブ配信が可能であり、YouTuberに代表されるようにそれ自体を生業にする人々も増えてきた。また、エンタープライズ企業での動画を用いた社内研修やＷｅｂ動画を活用したマーケティングなどBtoBの領域においても映像視聴の機会が増えている。

一方で、映画やテレビ番組といったエンターテイメントの歴史は長い。その裏側にはきめ細やかな演出や効果、映像に対する愛情が込められた表現で感動を生み出す職人たちの存在が欠かせない。IMAGICA Lab.にも、顧客の要望やイメージを具現化し、視聴者に感動を与える職人がたくさん在籍している。

ここで映像作品が視聴者に届くまでの工程に目を向けてみる。エンターテイメント作品はまず初めに監督やプロデューサーが〝企画〟を立ち上げる。その企画をもとに、撮影、編集、グレーディング／カラーコレクション[2]、CG加工、字幕／テロップ入れなどの工程を経て視聴者に届けられる。IMAGICA Lab.が担うのは監督やプロデューサーの企画を受けてから具現化し、視聴者に届くまでのすべての工程だ。こうした作業はとても繊細な気配りとコミュニケーションが不可欠であり、放送や劇場公開へ至るまでに何度もやり取りや修正を繰り返し、そのクオリティを上げる作業に時間と魂を注いでいる。この様子はまさに陶芸家や刀鍛冶のような伝統的な技を継承する職人そのものである。

そんな映像業界にこの10年で大きな変革が訪れている。ネットワーク速度の高速化、ストレージコストの低下、スマートフォンやデジタルサイネージ等の視聴ニーズの多様化により、ＩＴ化の波が押し寄せ、今までは遠い世界であった映像技術とＩＴ技術の境が融解し、その結果、新しい視聴体験が生み出された。特にＶＯＤ分野においては全世界同時配信によって国境を越えることが容易になり、見逃し配信により時間的な制約も緩和されてきている。その裏側では、映像を仕上げる職人に加え、数十ＧＢから数ＰＢ[3]に及ぶ素材や完成作品を漏洩のリスクから守りながら、ＩＴの力で管理・伝送しているエンジニアたちの日々の努力がある。

このように映像業界が進化する中で、IMAGICA Lab.では、映像、ＩＴの両方に精通したエンジニアが自社ＤＸの牽引のみならず業界全体におけるＤＸの牽引役として尽力している。

起：開発チームのぶつかった壁とスクラムとの出会い

IMAGICA Lab.の開発チームは２０１３年から現在の形になり、新入社員を毎年迎えている若いチームである。チーム全員がＡＷＳの個人資格を取得しており、Ruby on Rails、vue.js、C#、Python、Unityなどを活用し、社内外向けに大小30を超えるプロダクトを開発運用している。

まずスクラム導入以前の状況に遡る。当時は10人強で、日々舞い込む依頼をもとに開発を行っていた。案件の引き合いがあると「対応できるスキル（言語や力量）」と「保有タスク量」をもとに適した人材をアサインする方法を取っていた。この方法は一見すると、そのときに最適な人材をアサインすることになるが当時の私たちには決してよいことだけではなかった。

もちろん順調に進むプロジェクトも少なくはなかったが、開発プロセスは個人のスキルに依存していたため、コード自体もほかのメンバーが読んでもよくわからない。案件によってはレビューもなされず、バグも多く含んでいる。進捗もブラックボックス化され、プロジェクトマネジメントもされているとはいえない。そのため、納期間近になると「こんなはずではない」「これは認識と違う」といった顧客とのズレが発生し、納期間際に発生する大量の手戻りの対応に、夜を徹して臨むこともあった。その結果、優秀な人材ほど忙しい状況が生まれ、忙しそうな様子でも「なぜ忙しいのか」がわからず、遠巻きに見ていることしかできない。そして、チーム内でのバランスが崩れていった。

2018年秋、新しい開発案件を始めるタイミングで私は外部のパートナー企業を探していた。私と上司はこれまでの経験からプロジェクトの成長のみならず、今の状況を打破するきっかけになるようなプロジェクトにしたいと考え、「オフショアでやってみたらどうか？」[4]「社内外混成チームはどうか？」など議論をしていた。その中で上司から上がった言葉が、

「スクラムでやってみたらどうだろう？」

というものだった。スクラムのスの字も知らなかった私は説明を聞く中で、開発プロセスでありながら組織に目を向けているというスクラムの特徴に強く惹かれた。そこで当時アジャイルコー

図8-1 ベトナムでのチームビルディングの様子

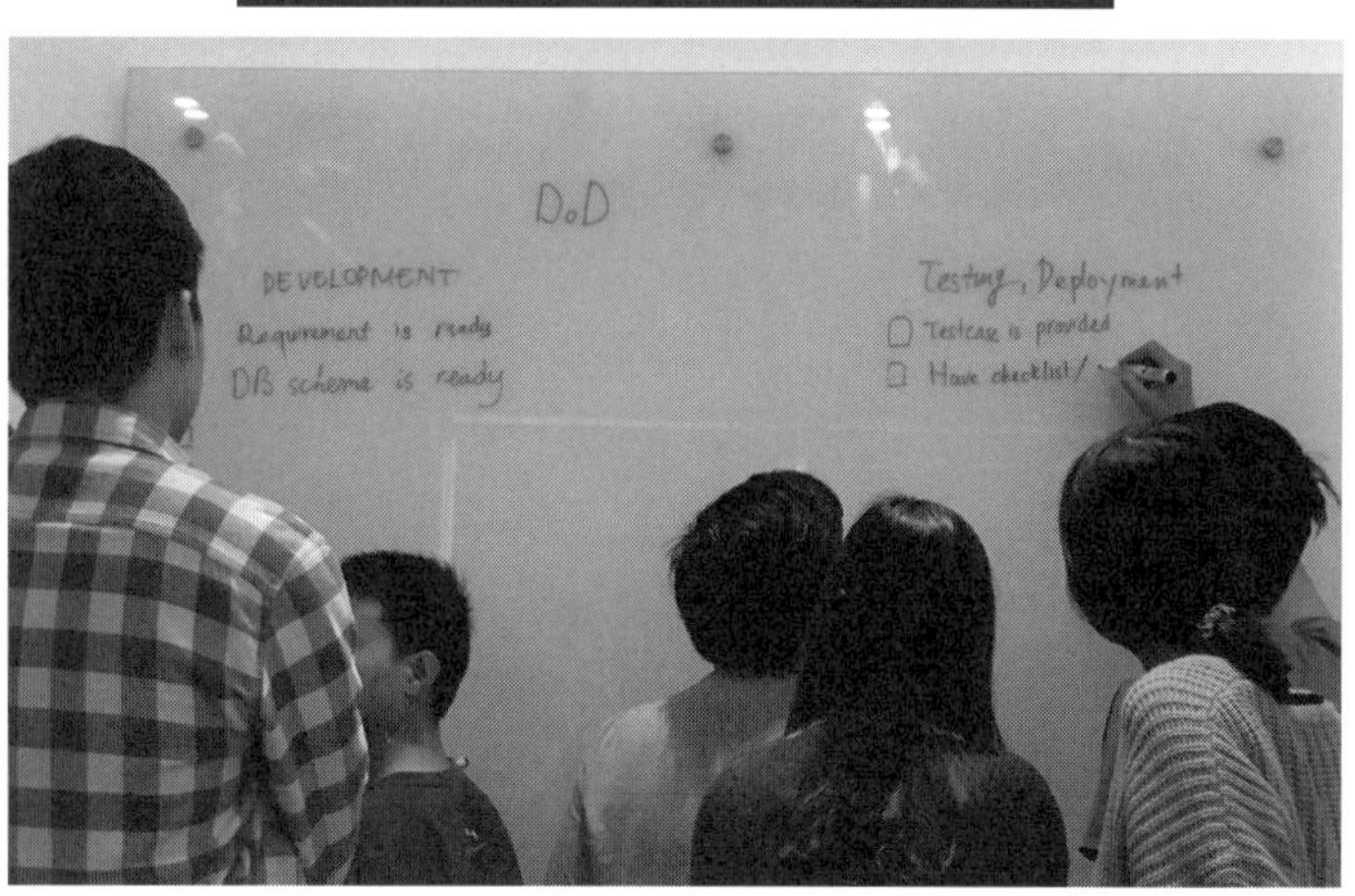

チという言葉も知らないままで、スクラムに精通した人がいることを前提に外部パートナーを探し始めた。そして、２０１８年冬、これが私が初めて挑むスクラムプロジェクトとなる。

　このプロジェクトにおける私の立ち位置はステークホルダー側のプロジェクトマネージャーだった。チームはベトナムと日本の混成チーム。日本側にスクラムに精通したプロダクトオーナー兼アジャイルコーチがいて、スクラムマスターは日本にもベトナムにもそれぞれいる状態でスタートした。

　プロジェクトの成功のみならず、「スクラムのやり方を持ち帰る」というミッションから、ベトナムでのチームビルディング（スプリント０と呼ばれる最初のスプリントを含む）に帯同し、２週間の滞在の中でともに学び、ともにプロダクトについて考えた。このときのベトナムでの学びがよいきっかけとなり、それから多くの書籍を手に取り、多くの勉強会にも足繁く通った。気づいたらコミュニティの運営メンバーにもなっていた。すべてはただのグループから本質的なチームになるために藁にもすがる思いだった。

承：1人から始めて組織にアジャイルマインドをインストールする

プロジェクトをきっかけに学びを得た私はいよいよ組織変革に動いた。

まずは社外コミュニティで登壇することやワークショップを実施することから始めた。組織の変革において、一度の失敗は命取りだ。そのため、有志の集まりであるコミュニティにおいて素振りを重ね、いざ打席に立つときに十分な経験を積んでおくことが重要だった。社外での登壇はそれだけではなく、同じくスクラムやアジャイルを学んでいる同士や先輩との距離が自然と近くなった。あの本を翻訳した人、この本を執筆した人、みんな気さくに相談に乗ってくれた。さらに、新しい情報や知識がSNSを見ているだけで自然と入ってくるようになった。

そしていよいよ、社内へのアプローチである。まずはスクラム勉強会を部署全員参加で始めた。全6回の本格的なものだ。前半の座学、後半のワークショップの2部構成で毎回2時間のメニューだ。このワークショップの中では「デリゲーションポーカー[5]」「価値観ババ抜き[6]」「マシュマロチャ

図8-2 マシュマロチャレンジの様子

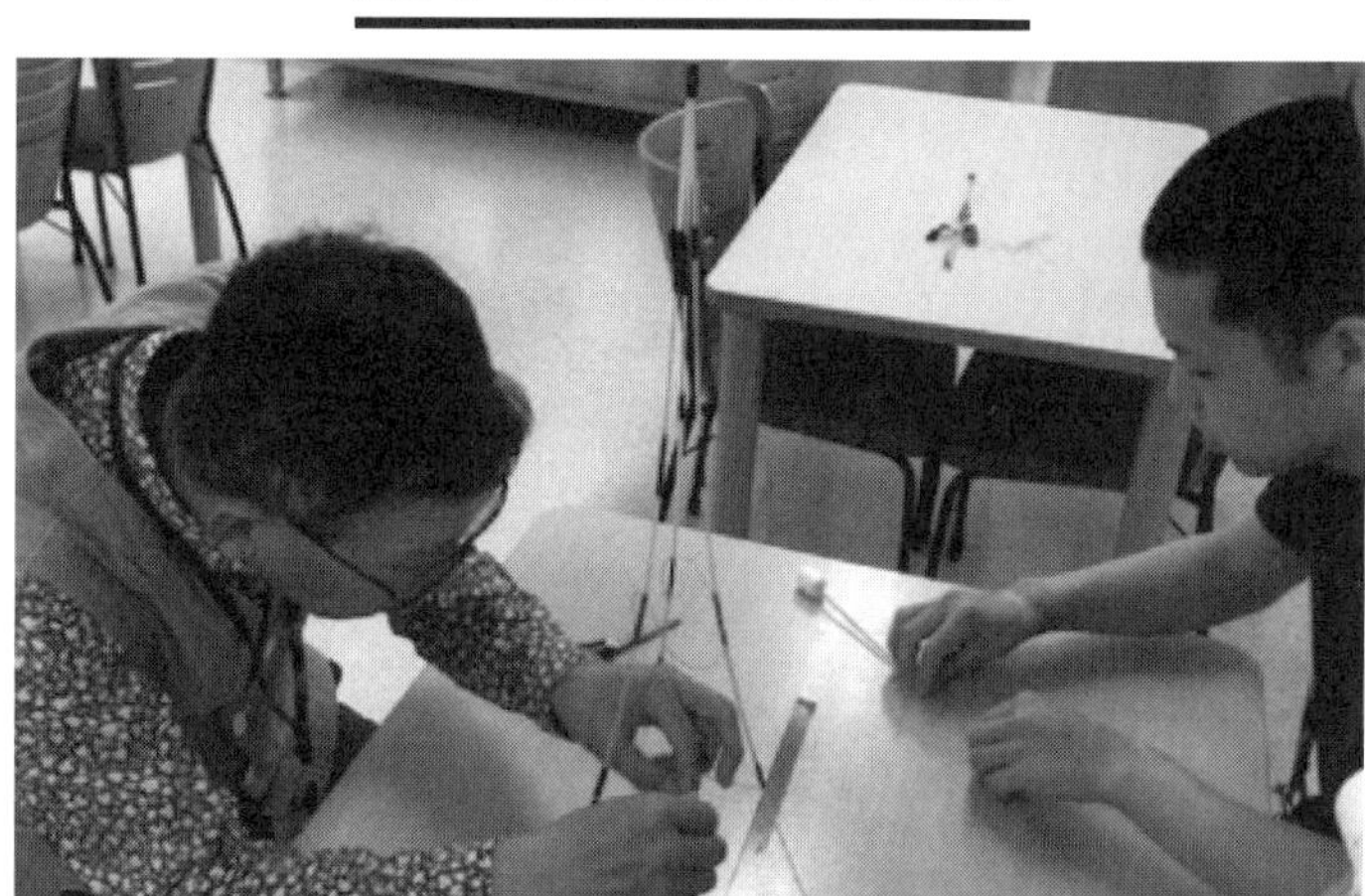

レンジ」[7]「プランニングポーカー」（第4章73ページ）など社外で練習してきたワークショップを行った。

社内のあらゆるプロジェクトのカイゼンも始めた。全体の方向性がずれていれば「インセプション・デッキ」（第4章70ページ）で目線を合わせ、「ドラッカー風エクササイズ」[8]で期待値をすり合わせた。「仮説キャンバス」[9]でプロジェクトの本質を考えたり、「ユーザーストーリーマッピング」[10]で顧客が求める価値を想像することもあった。このプロジェクトの中には当然ながら、開発以外のメンバーも多くいる。私の活動はじわじわと反響を呼び、関与していないプロジェクトにもファシリテーターとして呼ばれることやチームビルディングの相談が来るようになった。

そして、1つめのターニングポイントが訪れる。当時ヴァル研究所[11]に勤務していた新井剛さんの元へ見学に行く機会をいただいた。ヴァル研究所といえば、日本のメンロー[12]とも称される、全社的に至るところでカイゼンが繰り広げられている企業である。普通に考えたら、開発メンバーを連れて行くのがセオリーだろう。ところが私は、せっかくの機会なので社長室の扉をノックし、社長にこう相談した。

「日本で一番カイゼンが進んでいる会社への見学なので、社長含め、前線に立っているマネージャー陣を連れて行きたいです。一緒にメンバーを考えてくれませんか？」

社長は二つ返事で快諾してくれた。そうして現場、営業、総務のマネージャーを連れて向かったヴァル研究所の見学。そこで目にした、認定スクラムマスターの総務室長による流暢な説明や、若手メンバーがどういった思いでどういった工夫を凝らしているかを楽しそうに語る姿、壁一面に貼られたバリューストリームマッピング[13]やカンバンは、誰の目にも理解できる強いインパクトとなった。

そんな印象的な見学を受けた翌日から至るところでカイゼンが加速した。「プロジェクトで使うために買ってきたよ！」と模造紙と大量の付箋を持ち込む様子や「ふりかえりと朝会をやって

図8-3 開発以外の部署で生まれたスペース

みたいので見学させてほしい」「契約書管理の見える化がしたいのだけど……」と自ら動く部署や相談をしてきてくれる部署が現れた。そこから、至るところで朝会が行われる様子、現場に貼られるカンバンやふりかえりボードを目にするようになった。こうして開発以外の部署においてアジャイルマインドが少しずつ定着していった。

転：開発チームとしてアジャイルマインドをスクラムで体現する

ときを同じくして開発チームにおいても歯車が大きく回っていく。２０１９年1月、ついに内製でのプロダクト開発においてもスクラムを導入することになった。期間は3ヶ月。短期間のため、スプリントの周期は1週間に設定した。3人のチームで行うプロジェクトだった。結果としてこのプロジェクトは無事に成功を収め、社内表彰を受けるのだが、今思うと成功要因は〝スクラムの導入こそ小さく始める〟ことだったと考える。

多くの書籍や勉強会で知識が増えるとつい頭でっかちになり、自分の状況を鑑みず、何でもできる気になってしまう。そのままチームへの導入を行ってしまうと理想と現実のギャップに気づき、失敗をしてしまう。そのため、いきなりすべてを始めず、少しずつ導入し、小さな成功を繰り返すことが必要だ。

まずはプロダクトオーナーとスクラムマスターの両方とも私が兼務した。これはスクラムにおいてはタブーとされている、いわばアンチパターンである。しかし、チームがスクラムに向かっている、スクラムに興味を持っているからといって即実践できるはずがない。なぜなら、知識量がその熱意に伴うとは限らないからだ。そのため、まずはチームの練度が上がるまでは私が兼務をすることにした。

そして、朝会、ふりかえり、スプリントレビューから始めた。プロダクトオーナーとしてまず始めたことは、ステークホルダーに週に1回のレビューにはどんなに忙しくても参加してもらう約束を取り付けることだ。これをプロジェクト開始の条件とした。ステークホルダーは現場部門の本部長と現場のオペレーションメンバーで構成されていたため、本部長には極力レビューの場で意思決定をしてもらうこと、社内外との調整をしてもらうことをお願いし、現場のオペレーションメンバーには次のレビューまでに実際に触って忌憚ない意見を挙げてもらうことをお願いした。

毎週のレビューの中では、画面が2～3つ増えただけで、動かない機能もたくさんある状態だったが、少しずつでも毎週着実に前進していることが実感できた。これが最初の小さな成功である。ここから少しずつ改善を繰り返していくことになる。プロダクトバックログを作り、個人のタスクではなく、チームのタスクとすること、それに優先順位を付けることを始めた。初めはスキル差があってやりづらいことがあったものの、慣れてくると相互で教え合い、自発的なモブプログラミングの機会も生まれた。そして相対見積を始めた。どうしてもベロシティではなく、所用時間で判断をしてしまい、チームの練度が見えないこともあった。これらはふりかえりで議論し、長期的なビジョンとしてチームの現在地を把握するためのことであると納得感を持った結果、プランニングポーカーの見積も始まった。そうこうしていると3ヶ月という期間はあっという間に過ぎていった。

このプロジェクトの成功で可能性を感じた私はスクラムを部署全体に広げることを始める。そこで一番重要だと考えたのは、チームのことだけ考える時間を捻出すること。日々の忙殺された合間合間ではどうしても雑念が入ってしまい、深く考察することが難しい。そこで実践したのが、

2度のチーム合宿である。

1度目は2019年4月。ここではテーマを「チームになる」と掲げた。まずはチームとは何かということについて、対話を通じて紐解いていった。古くはネアンデルタール人とホモ・サピエンスの違いからGoogleのプロジェクトアリストテレスまで、チームとコミュニケーションのあり方を学んだ。そして、「ビジョンクエスト」という方法を用いて、「なぜ私はここにいるのか」を見つめ直し、お互いの心の奥底の感情に共感した。最後には「私たちのワーキングアグリーメント」を作成し、翌日からのチーム活動の礎を築いた。この合宿では、今まで隣にいながらもなかなか話すことのなかったような各メンバーの今までの挫折やコンプレックス、これまでの人生においての喜びや悲しみなどといったプライベートなことがらを語り合い、お互いを尊重した上で受け入れることができたことが一番の収穫だった。

2度目の合宿は2019年8月に行った。ここでは「スクラム再入門」をテーマに、アジャイルコーチの川口恭伸さんを招聘し、スクラムの基礎を改めて学ぶ場とした。初日はスクラムとは何かを体系的に学び、2日目はそれまでに挙がっていた数々の課題を解決することに注力した。

具体的には、

■1チームで複数プロダクトを持つことにより、プロダクト間の優先順位が付けにくい

図8-4 合宿の様子

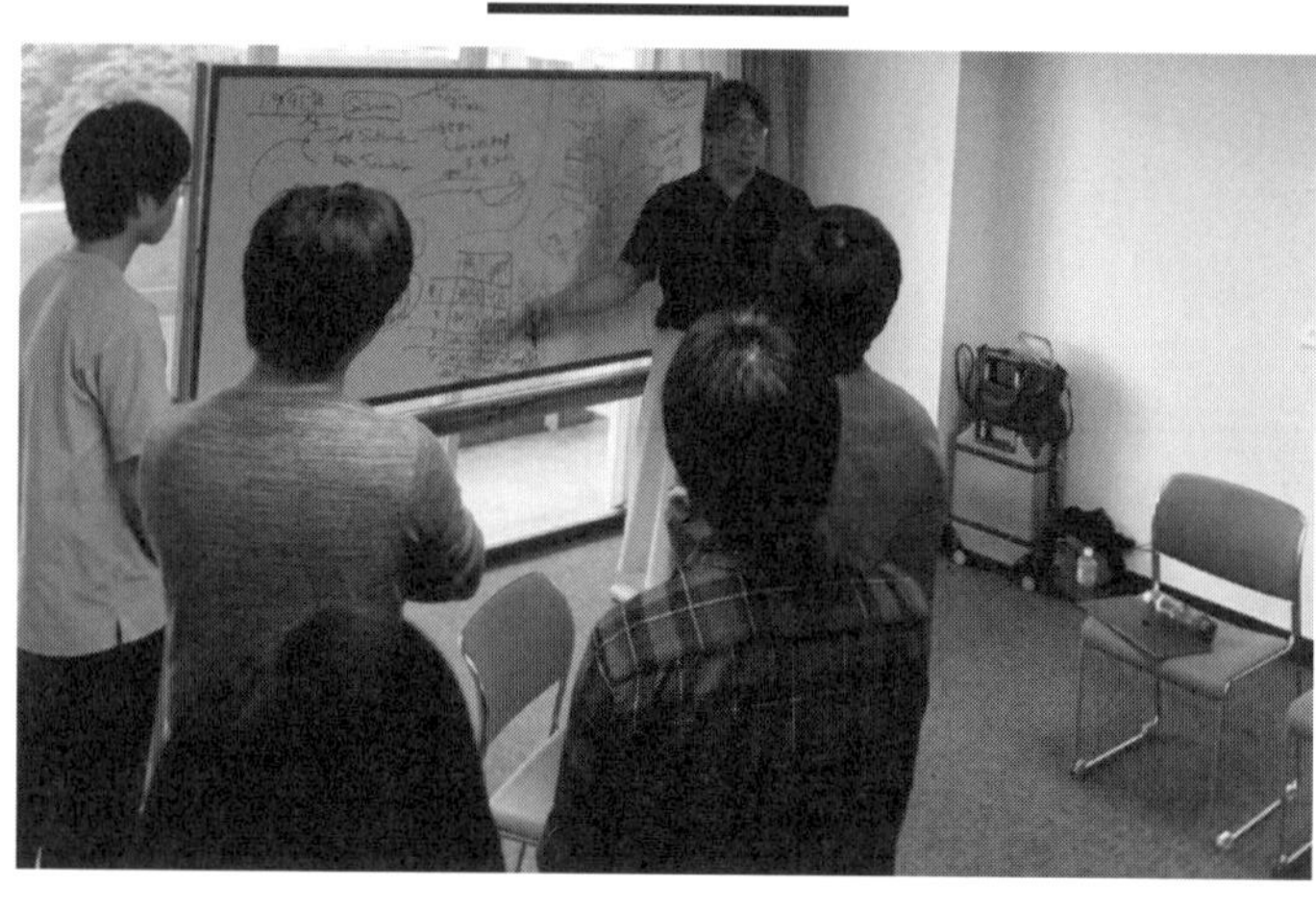

- **兼務が多くベロシティが見えない**
- **兼務が多く、見積に時間の概念を配慮せざるを得ない**
- **故に営業や他部門からスケジュールが把握できない（透明性がない）**
- **忙しさの偏りや1人プロジェクトのリスクがある**

といったものだ。これを解決するアプローチとして、川口さんのお話をもとに「釣りバカ日誌モデル」を採用することとした。

これは釣りバカ日誌の主人公ハマちゃんの在籍する営業3課のようにチームを固定し、そこにあらゆるプロジェクトを紐付けるという方法である。それまでの私たちのプロジェクトに合わせて人員をアサインするという方法とは真逆の考え方だ。こうすることで、チームメンバー自体は変わらず、コミュニケーションレベルやチームの練度を上げながら全員で新しいことに立ち向かう構図ができる。いわば、「問題VS私たち」の構図が作りやすい。

これにより、私たちは2つの固定チームを作り、それぞれにプロダクトオーナー、スクラムマスターの人選（自薦）を行い、既存のプロダクトを半分ずつそれぞれのチームへ振り分けた。

結：開発手法のその先へ。プロダクトマネジメントと仮説検証

合宿を経てリスタートして約1年。これまでの間も新規プロダクト開発の長期化に伴い、チームのモチベーションの低下や、費用対効果とスケジュールの計算が社内開発だとどうしても甘く見られがちな点など日々多くの壁にぶつかっている。そのたびにチームで対話をしながら少しずつ前進を続けている。

現在はスクラムだけではカバーしきれない、プロダクトマネジメントに向き合うことに挑戦している。ビジネス部門と一緒に顧客分析を行い、仮説検証やユーザーインタビューにエンジニアが直接参画し、今までの開発へのコミットからプロダクトの成長への寄与にチーム全員の責任の幅を広げるような取り組みをしている。

また、チームの練度向上、標準化がいくらなされても個人のスキルが低ければ話にならないため、個人の開発スキルに軸足を置いたＯＫＲによる各自のチャレンジ支援を始めた。さらに他部署からのレンタル移籍を実施し、エンジニアへのジョブチェンジの支援も行っている。これは社内留学のように長期間、開発チームに所属することでエンジニア視点を身につけ、現場に帰ってもらう、もしくはエンジニアとして働くことの支援を目的としている。これにより、IMAGICA Lab.が今までの「ＩＴに強い映像企業」から「映像に強いＩＴ企業」への進化の一翼を担えると考えている。

このように短い期間でも組織に変革を起こすことができる。自分たちの組織に合ったスクラムがあり、エンジニア以外でもアジャイルに変革ができる。ただし、すべては小さな成功体験の積み重ねによってのみ、形になり、文化として根付くと私は考える。

INTERVIEW

合宿で、「仕事での同僚」から「チームの仲間」になれました

平鍋健児 × 株式会社IMAGICA Lab.（当時）蜂須賀大貴氏

——蜂須賀さんのスクラム組織導入の物語をお聞きして、ご自身の気持ちの芽生えや変化にとても興味が湧きました。ヴァル研究所、私も行きましたがすごいですよね。

圧倒されました。DevLOVEの運営や勉強会の参加などで何度かお伺いしたことはあるのですが、業務エリアはそれとはまた別で壁という壁すべてに模造紙が貼られていろいろなものが見える化されていました。また、若いチームはポップなデザインでカラフルなレイアウトだったり、バックオフィス系の部署は明朝体で達筆だったり、その部署の色や遊び心が散りばめられているのも印象的でした。

——そこに行く企画を考えたとき、社長の扉をノックしたときの気持ちは？

もともと社長にはよくしてもらっていて、月に1回は何かしらで社長室に行っていたので、社長室に行くこと自体はそんなに抵抗はありませんでした。企画に対しては、「絶対に失敗できない。ここで失敗したら、アレルギー反応が生まれ、より一層ＤＸが遠ざかる」というある種の強迫観念がありました。一番失敗しない方法を考えたとき、社長の力を借りることが思いついたので、社長の予定の合間を見て突撃しました。

――合宿されたそうですね？　雑念を入れずに「チームのことだけ考える時間」を作る、とのことですがテーマや活動内容はどのように決めたのですか？

テーマは開発チームの年次が上の4人で決めました。ちょうどその頃、私がプライベートでファシリテーションを学んでいて、そこで得た体験や知見を共有していたこともあり、「こんなことがチームでも意識できるといいよね」という形で全員一致で決まりました。内容に関してはすべて私に一任してもらえたので時間割を含めて考え、私がファシリテーター兼幹事、上司がサブファシリテーターとして実施しました。

――合宿の最大の成果は、何だったのでしょう？

「仕事での同僚」から「チームの仲間」になれたことだと思います。昨今、ハラスメントやプライバシーの観点からなかなか個人の深い話ができないことが多いと思いますが、お互いを信頼した上で自分の生い立ちや経験から「私がなぜここにいるのか」を深掘りできたことが大きいと思います。

具体的には、誰とも話さず、自分を見つめる時間として三浦海岸の浜辺に全員を1時間放置しました（笑）。その時間で自分の今までをふりかえり、最集合したときに1人ずつ語り、お互いのことを尊重し受け入れることで心理的安全性が一気に高まったと思います。

――最後に、蜂須賀さんのモチベーションはどこから来るのでしょうね？

単純に人が好きだからなのかなと思います。少し異色かもしれませんが、自分の中ではエンジニアリングは困っている人を笑顔にさせる手段の1つと考えていて、もちろん楽しさはあるものの、開発そのものには実はそこまで強く興味を持っていないんです。それがエンジニアとしての自分のコンプレックスだったこともあり、周囲のエンジニアから休日に寝食を忘れてコードを書いているという話を聞いてそこに負い目を感じたこともあります。だからこそ、アジャイルに出会ったときにユーザーや開発者などのすべての人を大切にしているその考え方にマッチしたのかなと思います。

――人とのつながりやチームを作ることと、会社の変革が同じレベルで行われたことに、アジャイルの本質を感じました。ありがとうございました。

第9章 KDDI DIGITAL GATEにおけるスクラムチームファーストな働き方

KDDI株式会社 KDDI DIGITAL GATE 佐野友則

KDDIのアジャイル開発の歴史

ＫＤＤＩのアジャイル開発への取り組みは２０１３年に始まった。最初は法人事業向けのシステム開発から始まり、以後ａｕでんきのアプリ開発などコンシューマー領域へも拡大。２０１６年には「アジャイル開発センター」を設立し、アジャイル開発を用いた社内の新規サービスの内製開発を行っている。

そして２０１８年9月にはKDDI DIGITAL GATE（以下ＫＤＧ）を設立し、５Gなどを用いたお客様の新規事業立ち上げや業務改善などの支援をしている。２０１９年9月には沖縄と大阪にも拠点を開設し、東京以外でもお客様の支援ができる体制を整えた。

ＫＤＧ案件の特徴

ＫＤＧの案件の進め方は、まずは解決すべき課題の特定のためにデザイン思考ワークショップが3日ほどで行われる。その後にＰｏＣ（Proof of Concept）開発が3〜4週間というケースがほとんどである。あくまで課題からソリューションを考え出すため、作るものや作るために必要な技術スタックは開発開始の数日、ときには開発前日に決まるということも少なくない。また、お客様も製造業から金融業、航空業界など多岐にわたり、業務ドメインも多種多様なものとなっている。

解決策としてのＰｏｄという単位

もともとＰｏｄとは、筆者がラグビー経験者ということもありラグビーの戦術から拝借した。Ｐｏｄ戦術とは、グラウンドを縦方向に4等分（あるいは3等分）にエリア分けし、そこに3〜4名で構成されるＰｏｄを配置し数的／質的優位なところを探しながらアタックを行う戦略である。この戦術の完成度の高さとスクラム（ラグビーの方です）の強さを持って２０１９年ワールドカップでは日本代表は予選1位での史上初の決勝トーナメント進出という結果を残した。

話を本題に戻す。ＫＤＧには現在エンジニア（デザイナー含め）が16名ほど在籍している。お客様のプロダクトオーナーを支援する役割でプロダクトオーナーリード（以下ＰＯＬ）が5名ほどおり、全体で20名強のスクラムチームを構成している。その中でＰｏｄを状況（主に案件）に応じて構成し直している。スクラムではチームを固定することがベストプラクティスとされているが、ＫＤＧのスクラムではＰｏｄ単位で見ればメンバー固定へのこだわりの優先順位は高くない。これは先に述べたように、開発直前まで技術スタックがわからない、というところに起因する。機械学習が肝になるＰｏＣ開発で、たとえ安定していたとしても1人も機械学習エンジニアがいないチームで3週間後に成果を出す、というのはリスクが大きすぎると考えるためだ。そのため、

図9-1 Weeklyカレンダー

時間	月	火	水	木	金
10：00	Scrum 計画	Pod 計画	Pod 計画	Pod 計画	Dev レトロ
10：15	Pod 計画				
10：30					
13：00					OST
15：30	ハンガートーク				
15：45					
16：00				Scrum Team レビュー	
17：00					
18：00	Podレビュー	Podレビュー	Podレビュー		
18：15	Podレトロ	Podレトロ	Podレトロ		

案件の内容が見えてきた段階でＰＯＬが案件の内容や技術スタックを開発チームに説明し、面白そう、貢献できそうと思ったエンジニアが自分から手を挙げてＰｏｄに参画する。

メンバーをＰｏｄ単位では固定できない代わりに、働き方はＰｏｄすべてにおいて固定としている。つまり、スクラムチームとしての働き方は１つしかない。案件特性やお客様の都合によっては、スプリントの長さを替えるのが最適な場合もある。ただし、参加したＰｏｄによって働き方が変わることは我々が大事にしたいチームの「リズム」を壊すことになる。そのため極力ＫＤＧのプロセスに案件側を合わせていただくようにお願いをしている。この原則の上で、個々のイベントの細かい時間や進め方はＰｏｄ単位で決定し、スプリントの長さやスクラムレビューのタイミングなどは全体で共通のものを設定している。

学びを重視した働き方

197ページの図9-1は2020年7月〜9月末までの1週間のスクラムイベントカレンダーである。デイリー・スプリント（1日1スプリント）をベースに、デイリー（日次）、マンスリー（月次）、クオータリー（四半期）それぞれのスプリントをフラクタルな形で組んでいる。1日を1スプリントとしてPodごとに、毎朝Pod計画（スプリントプランニング）（15分）を行い、夕方にはPodレビュー（スプリントレビュー）（15分）、Podレトロ（スプリントレトロスペクティブ）（15分）を行う。スプリントを1日にしたのは、案件は基本的に日単位で開始されるためだ。スプリントの開始のタイミングと案件の開始のタイミングが一致することで、リズムを崩さずに案件に入ることができるようになった。そのほかにもスプリントを1日にすることで、以下の学びを得ることができた。

- **毎日動くものがレビューできるため、フィードバックサイクルが速く回る**
- **安全にデプロイするためのインフラや仕組みを日々検討するモチベーションが産まれる**

■リモートワークにおいても、毎日イベントがあることで自然と人が集まるタイミングがある

■レビューとふりかえりがあるために強制的にタイムボックスが守られる

ぜひ読者の皆様にも1日のスプリントは試していただきたい。慣れるまでは窮屈さを感じられるかもしれないが、すぐに効果を感じられるはずだ。

ウィークリー・スプリントでは主に案件の遂行とチームの学びのバランスを重視している。図を見ていただくとわかる通り、月曜に30分のハンガートーク（いわゆる雑談タイム）を取り入れ、金曜日は「仕事をしない日」と呼ばれる開発チーム横断的なふりかえりとOST（オープンスペーステクノロジー。自由な発表と議論の時間）の時間としている。Pod間での情報共有や、案件が終わった際には公開でふりかえりを行ったり、1人でもくもくと次の案件の勉強をしたりと自由に使ってもらっている。案件に入っている場合は残念ながら案件が優先となっており参加できていないが、いずれは参加できるようにしていきたい。

マンスリーとクオータリーも同様にスプリントを組むが、大事にしているのはスプリント・ゴールの設定である。特にクオータリーのスプリント・ゴールは、案件のゴールではなくスクラムチームの成長にフォーカスしたものになっている。

なお、スクラムチームの働き方はクオータリー（四半期）ごとにルールを見直すことになって

いる。細かい改善は日々行っているが、大きな体制変更、例えば沖縄の開発チームは今まで地の利を活かすために固定Ｐｏｄとしていた。ただしCOVID-19の影響で全員がオンラインでの働き方に移行した結果、場所でメンバーを固定するメリットが薄れたため可変Ｐｏｄとした。大枠では3ヶ月は同じ働き方を続けながら、Ｐｏｄ単位では改善できないようなものを見つけ、四半期ごとに改善を行う。このために、ルールには3ヶ月という有効期限を設けている。

次に、Ｐｏｄ単位でメンバーを固定できない代わりに、どのような組み合わせでもスムーズに働けるよう非案件時に練習を行っている。その中でも最も効果の高い1Day Sprintを紹介する。

1Day Sprint

1Day Sprintは1日で終わるミニ案件である。お客様提案時にドキュメントではなく動くソフトウェアをお見せするために無料で行っている。ＰＯ役が朝にお題となる顧客の課題を発表し、その後開発チームがソリューションを検討、実装、夕方にはレビューをする。後日、お客様訪問時にお見せする形である。この1Day Sprintを通して、メンバー同士の得意領域や考え方、仕事の進め方などのチームビルディングも行っている。さしずめ、練習試合のようなものだと考えていただきたい。本番と同様の状況を作った上で、安全に失敗できる環境となっている。お客様へは動くソフトウェアを作る約束はしていないため、極端なことをいえば何も完成しなかったとしても問題はない。計画の立て方が悪かったのか、時間の使い方が悪かったのか、見積を誤ったのか、参加者全員で分析し、次に活かすことこそが1Day Sprintの目的となっている。

軸にするのはスクラムチームかお客様か

金曜日の「仕事をしない日」に代表されるように、KDGはスクラムチームファーストな制度設計を行っている。

既に記した通り、幅広いドメインや技術に対応するためには常に学習し続けるメンバーの存在が欠かせない。そして何より、やらされ仕事ではなく内発的動機によって自ら学び、顧客の課題を見つけられるチームが必要不可欠である。

そのためには、日々の活動に学びのための「ゆとり」を設計し、いつも通りに働き、いつも通りに学ぶことが重要であると考えている。

INTERVIEW

まずはチームを作り、そして維持できる形を整えることが大事だと考えています

平鍋健児 × KDDI株式会社 KDDI DIGITAL GATE 佐野友則 氏

――佐野さんの所属するKDDIでは、2013年頃から日本の大企業としては早くアジャイルを採用し、その影響は拡大しています。大企業が大々的にアジャイルやスクラムを社内採用するのは、とても大きなエネルギーが必要だったのではないですか？　また、現在でもアジャイルへの反対意見というのはありますか？

弊社では以前よりサービス企画からリリースまでの時間がかかりすぎることが課題でした。アジャイルへの取り組みが本格的にスタートしたとき、その際のルールは2つ。「小さく始めること」「成功するまでやり続けること」というシンプルなもので、マネジメントからエンジニアまで全員が成功するまでやり続けました。

その後成功を重ねる中で、次第に理解者も増え今に至っています。最近は反対派というのは聞かなくなりましたね。もちろん、アジャイルで特徴的な「スコープが固定されない」ことを懸念されるケースは多いです。一方で、サービス開発においてスコープを固定することには意味がない、というのも理解はされています。

大勢としては、アジャイルでやれるかどうか、ではなくて、アジャイルにやるにはどのようなマインドセット、個人の能力、組織の形が必要か、という方向に風向きが変わってきていると感じています。

トップメッセージでも数年前からアジャイルという単語は使われ始めていましたが、ここ1、2年は人事部門からのメッセージでもアジャイルという単語が使われ始めています。

手法としてのアジャイルをやろう、ではなくアジャイルな組織になろう、という文脈です。今後はサービス開発に関する部署だけではなく、通信ネットワークなどを扱うインフラ部門、営業部門など多くの部署で「アジャイルな組織」への転換が進むと思います。

――お話の中で出てくる、Ｐｏｄという単位ですが、面白いですね。顧客や案件ごとにＰｏｄを割り当てる、という考え方でしょうか。契約もＰｏｄ単位ということになりますか？

案件ごとにＰｏｄが割り当てられます。現状は顧客単位ではＰｏｄを固定できていないのですが、いずれはそのような形まで持っていければと考えています。契約も今はＫＤＧのエンジニアチームとなります。案件発生タイミングでPodを作ってメンバーを募り、案件に割り当てていますが、将来的には固定したPodを買っていただく形が双方にとって望ましいと思いますね。お客様にとっては、以前一緒に仕事をしたPodの能力はわかりますので安心感があると思います。我々にとっても担当の方が、会社のことを少しでも理解した状態から始められるのはメリットしかありません。KDGは1ヶ月ほどのプロジェクトが多いため案件開始時からお客様も含めて、同じ仕事の進め方ができる、会話の粒度を双方が理解している、タックマンモデル[1]でいう「統一期」からスタートできる状態を目指しています。

――KDDIは内製を目指していると思いますが、社内の職種「転換」のような施策も行ったのでしょうか?

アジャイル開発センターでは、社員は必ず案件にアサインされエンジニアリングを行う方針になっています。社内調整やベンダー調整を行っていたメンバー(職種としてはプロジェクトマネージャーやPMO)がスクラムマスターになったり、本人が希望すれば年齢にかかわらずプログラマーになったりしています。職種転換に伴って、希望者は全員Scrum Inc.の研修や技術的な研修を受講しています。現場では案件内で外部のアジャイルコーチの支援を受けて学んでいます。最近では全社的な社内コミュニティが活発になってきており、そこで知見の共有なども行われるようになってきています。一方で、会社全体としての評価制度の整備はまだ追いついていない印象があり、こちらは引き続きの課題となっております。

――それでも社内のみではエンジニアは不足したのではないでしょうか？

パートナー企業からエンジニアを紹介していただき、チームを組んで一緒に開発を行っています。チーム内の割合としては、社員エンジニアが1、パートナーエンジニアが2が多い印象です。最初は新宿や虎ノ門のオフィスに来ていただくことを前提にお手伝いいただいていましたが、COVID-19の影響でリモートワークが増えた結果、東京以外の方にも参画いただけている状況です。全社的にアジャイルな進め方のプロジェクトが増えてきた結果、対応できる開発チームが足りていないためパートナー企業に助けていただいています。

――最後に、佐野さんは様々な顧客やプロダクトでのスクラムを経験されていると思います。特に「チーム」について思い入れがあると感じました。大切なことは何だと思いますか？

チーム内で意識の共有がどれだけできるか、だと思います。チームメンバーならこの状況であればこういうふるまいをするだろう、そのベースとなる思考はこうだろう、と想像できるか。

もちろん、そこにズレは必ず生じます。忖度をしろという話ではありませんし、同じ意見に統一しようという話でもありません。状況に応じた判断を各メンバーがどのように下すか、もしくは下さないかをお互いが関心を持つということです。そのために、チームには案件期間外という「練習の時間」が必要だと思います。スポーツチームでいうところの個人練習や、練習試合にあたるものです。試合と同じような環境を意図的に作り、制約をあえて与えながら状況に対応していきます。初めての状況でチームはどのような反応を行うのか。そこからお互いのことを学んでいきます。当然アウトプットが何もない、ということもありえますが案件期間でないからこそ安心して実験し学ぶことができます。受託開発という観点で見ると稼働率を下げることは売上の減少に直結するため難しい判断にはなりますが、長期的観点で見れば成長したチームを作ることの方がビジネスメリットは高いのではないかと私は考えています。サービスを作り上げるのはチームです。まずはチームを作り、そして維持できる形を整えることが大事だと考えています。

――大企業でのアジャイル推進なのに、大切にしている基本的な単位がチームだ、ということに驚きと本質を感じます。ありがとうございました。

第3部

第3部では、アジャイル開発とスクラムの持つ
意味について考えていく。
ソフトウェア開発を「知識創造活動」であるとするならば、
知識創造活動プロセスであるSECIモデルに沿って
アジャイル開発が説明できるはずである。
さらに、この活動はソフトウェア開発のみならず、
組織や企業活動、企業経営全体にまで延長できる。
ビジネスと一体となってソフトウェアを開発する組織、
そしてその組織に息を吹き込む新しいタイプの
リーダーシップ像について考える。
また、スクラムをソフトウェア開発に適用した
ジェフ・サザーランドにインタビューを行い、
その動機と過程を明らかにした。

アジャイル開発とスクラムを考える

執筆：野中郁次郎／平鍋健児

ソフトウェア開発と日本の新製品開発の出会い

著者（野中郁次郎）がアジャイルと呼ばれるソフトウェア開発手法に出会ったのは、2010年である。ソフトウェア製品を開発する永和システムマネジメントの社長である共著者（平鍋健児）が一橋大学に訪れ、ソフトウェア開発を変革しようとしているコミュニティで私に講演をしてほしいという。私はソフトウェア開発の技術的内容はわからないから、とお断りしようとしたのだが、あまりに熱心なので少し話を聞いてみたいと思った。

平鍋によると、竹内弘高教授と私が80年代に書いた論文が、今ソフトウェア開発業界の最新手法、アジャイル開発として話題になっているというのだ。強かった80年代の日本の製造業。その新製品開発手法を研究して紹介した論文の中で、専門組織を跨いで集められたチームが、一体となって製品開発する手法を私たちは「スクラム」と名付けた。それがそのままの名前で、ソフトウェア開発手法として米国で提唱され、今、日本にも逆輸入されている、というのだ。これにはとても驚いた。35年以上前の論文が、新しい文脈で脚光を浴びている。そして、その新しい文脈とは、当時想定していなかったソフトウェア開発の領域なのである。

２０１０年、「アジャイルジャパン」というコミュニティによるカンファレンスで、私は初めてソフトウェア開発者たちの前でスクラムの講演をした。私の言葉は彼らに届くのだろうか、という不安を私自身が抱えて。しかし、その不安はまったくの杞憂であった。そこでは、若い日本のエンジニアやリーダーたちが集い、目を輝かせて最新のソフトウェア開発手法について議論をしていたのだ。それは技術的な議論だけではなく、人と人との協調、共感といった感情面も含めた、チーム作りや組織作りにまで及んでいた。そして、彼らは正解を学んでいるのではなく、新しいコンセプトを使って、自分たちのやり方を形作ろうとしているように見えた。まさに、私たちが「スクラム」という言葉で呼んだ共感と共振がそこにはあったのだ。

第10章ではまず、竹内弘高教授と私が１９８６年に書いた論文を再度紐解き、その中に書かれている「スクラム」を、特にアジャイルソフトウェア開発での文脈と比較して再考してみたい。さらに、第11章では知識創造プロセスとして私たちが提唱してきたＳＥＣＩモデルとアジャイル開発の関係にも言及する。そして、第12章ではアジャイル開発、スクラムの中で必要とされているリーダーシップの形についても考えていく。

第10章 竹内・野中のスクラム論文再考

論文とアジャイル開発を比較する

ソフトウェア開発におけるスクラムを最初に紹介した書籍である『アジャイルソフトウェア開発スクラム』[1]の先頭は、以下の引用から始まる。

「今日では新製品開発の動きが速く、競争率の高い世界では、速度と柔軟性がとても重要である。企業は、新製品開発に直線的な開発手法は古く、この方法では簡単に仕事を成し遂げることができないことを徐々に認識し始めている。日本やアメリカの企業では、ラグビーにおいて、チーム内でボールがパスされながらフィールド上を一群となって移動するかのように、全体論的な方法を用いている」

この引用元である竹内弘高・野中郁次郎の論文「The New New Product Development Game」[2]（1986年）は、80年代に日本で行われている「新製品開発のプロセス」をNASA等の米国型のそれと比較して論じたものだ（212ページ、図10-1、図10-2）。

この論文では、Type Aを米国NASAのPPP（Phased Program Planning）を例にとって、「各工程の専門家集団が、文書で次の工程の集団にバトンを渡すようにリレーをしている」と書いた。これに対して、Type Bの例として富士ゼロックスが、そしてType Cの例としてキヤノンとホンダが挙げられ、「ラグビーのようにチームで一丸となってボールを運んでいる」とした。新製品開発という速さと柔軟さが求められる場面では、成果物を紙に書き、それを壁越しの別のチームに渡すようなリレーをしていてはだめである。様々な専門性を持った人が1つのチームを組み、ラグビーのように開発の最初から最後まで一緒に働くことが求められる。人とチームを重視し、彼らに自律的に動ける環境を与えることでブレークスルーが起こりやすくなると同時に製品化までの時間が短くなるというのがこの論文の主旨だ。

私たちがこの論文を書いたときには、ソフトウェア開発そのものを想定していなかった。しかし、これは、現在のソフトウェア開発におけるウォーターフォール開発とアジャイル開発のこと

図10-1 The New New Product Development Game（1986, Harvard Business Review）

137

The new new product development game

Stop running the relay race and take up rugby

Hirotaka Takeuchi and Ikujiro Nonaka

In today's fast-paced, fiercely competitive world of commercial new product development, speed and flexibility are essential. Companies are increasingly realizing that the old, sequential approach to developing new products simply won't get the job done. Instead, companies in Japan and the United States are using a holistic method–as in rugby, the ball gets passed within the team as it moves as a unit up the field.

This holistic approach has six characteristics: built-in instability, self-organizing project teams, overlapping development phases, "multilearning," subtle control, and organizational transfer of learning. The six pieces fit together like a jigsaw puzzle, forming a fast and flexible process for new product development. Just as important, the new approach can act as a change agent: it is a vehicle for introducing creative, market-driven ideas and processes into an old, rigid organization.

Mr. Takeuchi is an associate professor and Mr. Nonaka, a professor at Hitotsubashi University in Ja-

The rules of the game in new product development are changing. Many companies have discovered that it takes more than the accepted basics of high quality, low cost, and differentiation to excel in today's competitive market. It also takes speed and flexibility.

This change is reflected in the emphasis companies are placing on new products as a source of new sales and profits. At 3M, for example, products less than five years old account for 25% of sales. A 1981 survey of 700 U.S. companies indicated that new products would account for one-third of all profits in the 1980s, an increase from one-fifth in the 1970s.[1]

This new emphasis on speed and flexibility calls for a different approach for managing new product development. The traditional sequential or "relay race" approach to product development–exemplified by the National Aeronautics and Space

図10-2 新製品開発の3タイプ（図10-1の論文より）

New product development

139

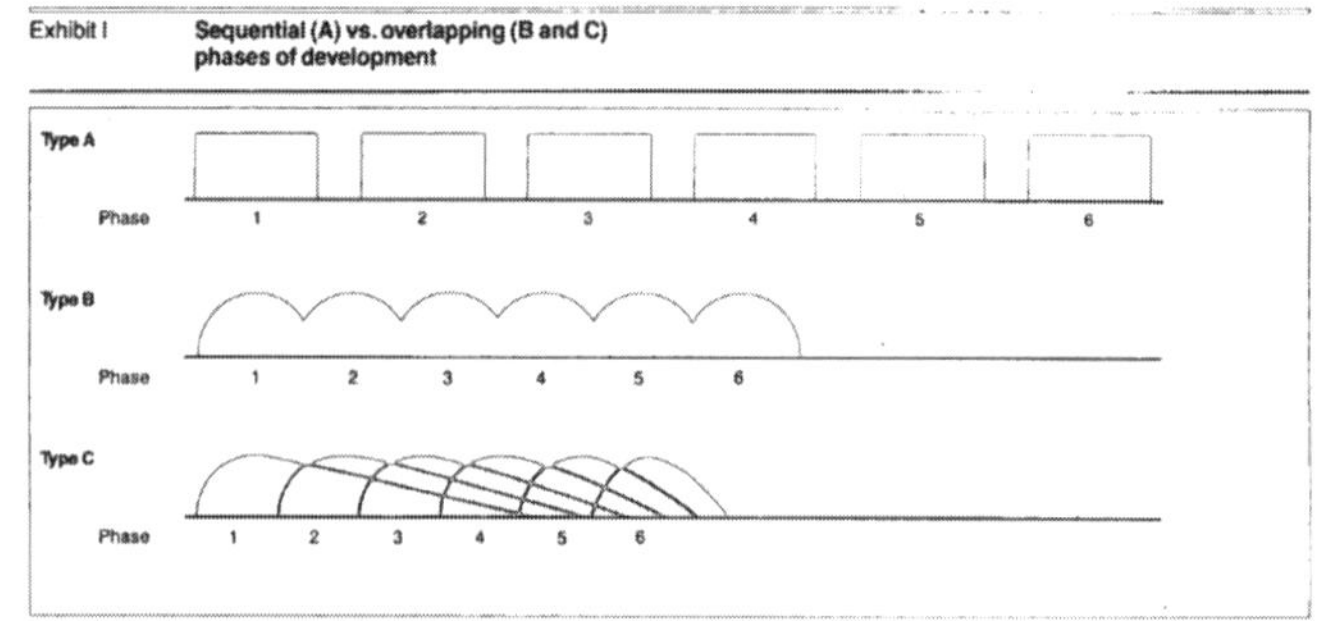

ではないか、と既視感を覚える構造だろう。そして、私たちはここでのType Cのようなチームを「スクラム」と名付け、チームの6つの特徴を挙げた。

1. 不安定な状態を保つ
2. プロジェクトチームは自ら組織化する
3. 開発フェーズを重複させる
4. 「マルチ学習」
5. 柔らかなマネジメント
6. 学びを組織で共有する

これらは、アジャイル開発のスクラムにも、ほとんどそのまま引き継がれているアイディアである[3]。ここでは、この論文を再度読み解き、オリジナルに書かれている6つの特徴の意味と、アジャイル開発との共通点を考えてみよう。

以降では、最初にオリジナルの論文の原文をもとに概説し、続いて、アジャイル開発でのスクラムでそれがどう扱われているかを解釈していく。

なお、ここでいうオリジナルの論文は「新製品開発」が対象だが、アジャイル開発は「ソフトウェアの開発」に特化していることに注意してほしい。

1．不安定な状態を保つ

最初に綿密な計画書や指示があるわけではなく、チームは自由な裁量と同時に、困難なゴールを目指す。

オリジナルでは

新製品開発は、トップマネジメントが不可能なくらい大きな目標を掲げてキックオフする。そこでは、明確に記述された新製品のコンセプトの企画書や開発計画書が手渡される**わけではない**。逆に、簡単にはできそうもないほどのチャレンジングな課題が与えられ、その代わり、やり方はチームに任される。新製品開発は、「計画通り実行すれば完成する」ような計画書ベースの活動ではなく、最初から不安定な活動だといえるだろう。チームメンバーには高い自由裁量と同時に、極端に困難なゴールが与えられ、そこがスタート地点となる。

アジャイル開発では

このような新製品開発における不安定さは、開始時に要求が決定していないアジャイル開発のモデルにも当てはまる。アジャイル開発が扱うソフトウェア開発では、プロジェクトの開始時にすべての要求を固定することができないという特性を持つ。だから、要求を固定するよりも、人を中心にしたコミュニケーションと協働でプロジェクトを前に進める。要求のリストは、順位付けられた「バックログ」として管理されるが、このリストは時間とともに変化していく。常に不安定な状態といえるだろう。

スクラムをアジャイル開発手法として作ったジェフ・サザーランドは、ソフトウェアの開発の新しいやり方の形式化を模索していたときにこの論文に出会い、まずこの「状況の不安定さ」という共通点に目を付けたのではないだろうか。そして、この考え方がソフトウェア開発で使える、と直感したのだと推察する。

2．プロジェクトチームは自ら組織化する

チームは不安定な環境から自己組織化し、対話の中で自律状態を作り出す。

オリジナルでは

不安定な環境から、チームの動的な秩序が生まれる。チームが自ら組織化を始めるのだ。自己組織化されたチームの状態には、①チームが自律しており、②常に自分たちの限界を越えようとし、③異種知識の交流が起こる、という特性がある。

マネジメント層ができるだけ口を出さないようにすることで、スタートアップ企業のような危機感と活気が同居したムードがチームに起こり、チーム自身が最初に設定された目標を超えて新しいゴールを設定するようになる。開発だけでなく生産や営業の人間をチームに交えることで、境界を越えて交流が起こるようになる。

例えば富士ゼロックスでは、ＦＸ－３５００の開発チームを作る際に企画、設計、製造、販売、流通、品質保証のそれぞれのグループからメンバーを集め、多機能チームとして全員を１つの場所に集めた。いわゆる大部屋だ。こうすることで、自然に情報が共有化され会話が起こる。しばらくすると、自分１人の立ち位置だけでなく、チーム全体としてのベストな決定は何かという視点で考えるようになる。全員が他人の立場を理解することで、それぞれが他人の主張に耳を傾けるようになる。

アジャイル開発では

同様に、アジャイル開発のスクラムでは、スプリント期間内は外部からチームに介入できない。また、部外者からの指示を遮断し、「プロダクトオーナー」を通してのみ要求が入ってくるようにすることが基本のルールになっている。チームは自律してスプリント内のバックログの完成に注力する。同時に、「スクラムマスター」はメンバーに指示を与えるのではなく、チームが自分たちで決定できる環境作りを支援する責任を持っている。スクラムマスターは、チームに立ちはだかる障害物をどけてまわるのが主な仕事だ。つまり、スクラムはあくまで自律性を尊重したチーム作りなのだ。プロダクトオーナーやスクラムマスターという責任は、オリジナルのスクラムには存在しないが、マネジメント層の頻繁な介入をできるだけ避け、チームの自己管理能力を生み出すというオリジナルの分析をより具体的な形にするために、ジェフ・サザーランドらによって明示的に作り出されたものである。

さらに、チームは1つの部屋に集まることが基本とされている。ウォーターフォールのソフトウェア開発では分業化が進んでしまった、要求分析者、設計者、実装者、テスターという枠組みを外してチームを組むことで、異種知識の交流が起こり、自分の専門外の役割にも貢献できるような仕組みになっている。

アジャイル開発のスクラムでは、この「自己組織化」（self-organization）もしくは「自己管理」（self-management）という言葉が頻繁に使われる。このコンセプトはオリジナルのスクラムから始まっていると同時に、複雑適応系理論の応用でもある。[4]

3. 開発フェーズを重複させる

開発フェーズを重複させることで、メンバーは専門分野を越えてプロジェクト全体に責任感を持つようになる。

オリジナルでは

自己組織化されたチームは独自のリズムを作り出す。開発と製造では、もともとスケジュールの考え方が異なっているのに、それが一体となって全体のゴールを目指すことになる。Type Aのように工程を逐次通過する手法（リレーアプローチ）では、前工程の要求事項がすべて満たされて初めて次の工程に移る。次工程へと移るチェックポイントごとに、ゲートを設けてリスクをコントロールする仕組みだ。しかし、この手法は上流で全体の自由度を過度に奪ってしまい、決定が後戻りできない欠点がある。また、ある工程で障害に出会うと流れが止まってしまい、そこがボトルネックになって全体の進行を阻んでしまうこともある。

一方、工程が重なり合ったType BやType Cのような手法（ラグビーアプローチ）では、発生する障害を全員で何とか解決しようとする。様々な知見を持つメンバーが、チーム全体として問題解決に取り組み、ラグビーのようにボールを前に押し進めようとするのだ。

富士ゼロックスの例では、米国の親会社から継承したType Aの手法を改良し、工程を6つから4つに縮めるとともにサプライヤーもチームに巻き込んで情報をオープンにしながら開発した。また、ホンダの新製品開発の例では、プロジェクトの中心メンバーはプロジェクトの最初から最後までチームに残留し、すべての工程に責任を持つという。このように、Type Aで問題になる成果物の引継ぎ（リレーでいうバトンパス）を、文書で行わずに、人が行うことでスムーズにしている。文書ではなく、「人」が情報を運んでいるのだ。

さらに、ラグビーアプローチでは開発期間短縮という「ハード」なメリットのほかにも人材育成に関わる「ソフト」なメリットもある。責任を共有しながらほかのメンバーと協調すること、自分から積極的にプロジェクトに参加すること、さらに問題解決思考、専門外スキルやリーダーシップの育成、市場に関する知見の獲得、といった人材開発の要素がそこには多く含まれている。

逆に、デメリットとしてはプロジェクト全体を通して膨大なコミュニケーションが必要になること、また、異種の分野から集まった参加者の考え方の違いで、チーム内に衝突が多く起こることが挙げられる。

アジャイル開発では

アジャイル開発のスクラムでも、分析、設計、実装、テスト、という開発のフェーズが重なり合っている。さらに、メンバーは分析者、設計者、実装者、テスターという専門部隊の垣根を取り払って1つのチームとなる。分析が終わったら設計、設計が終わったら実装、という流れではなく、一体となって、全員で開発に取り組む。

アジャイル開発では、「イテレーション」もしくは「スプリント」という1週間から1ヶ月の短い固定期間を区切るが、これが1つのリズムを形成する。このスプリントは、新製品開発のオリジナルスクラムにはない考え方の1つだ。スプリントによってチームは内部で、そして外部とも同期をとりつつ開発を進めることになる。

また、情報をオープンに保つ仕組みも、アジャイル開発に積極的に取り入れられている。チームの状況は「バーンダウンチャート」「バックログ」「タスクかんばん」等々によって顧客にまで透明に共有される。

何といっても、「仕様書」という厚い文書を壁越しに投げることで情報を伝達していたウォーターフォールから、壁を取り払って1つのプロジェクトを作り、対面のコミュニケーションを基本に情報を伝達し合いながら問題解決する、というのがアジャイル開発の中心にある。これは、オリジナルのスクラムからまっすぐに継承されている考え方の1つだといえる。

4. 「マルチ学習」

メンバーはグループ全体として学習し、さらに専門を越えて学習する。

オリジナルでは

様々な次元で「学び」が起こることを「マルチ学習」と名付けており、「多層学習」（個人、グループ、組織、企業といった複数のレベルで学習が起こること）と「多能力学習」（別々のスキルを持った人が集まることで、専門外の知識についての学習が起こること）の2つを指している。

多層学習では、プロジェクト内の「学び」は、個人とグループという2層で起こる。個人レベルの学習はもちろんのこと、グループレベルでの学習がさらに重要になる。例えばホンダの小型自動車「シティ」プロジェクトのチームは、コンセプト開発工程が行き詰まったときに、3週間「ヨーロッパで何が起きているか」を見るためだけに海外視察へ派遣された。そこで彼らが目にしたミニクーパー（これはその時点から10年以上前に英国で開発されたもの）が、シティのデザインに大きな影響を与えたという。この例では、全員が同じ体験を通して学んでいることが重要で、個々の学びの総和ではなく、その体験の中で交わされた会話や議論を含めて、グループ全体があたかも1つの生命体のように獲得した学習が成果だといえる。さらに、グループを越えて組織レベル、企業レベルの学びも多層学習に含まれる。日本の企業が多く採用し、進化を遂げたTQC（Total Quality Control）がより広い組織での学びの例だ。

多能力学習において、プロジェクトに参加するメンバーは、自身の専門分野だけでなく、専門外でも学習を積むことになる。例えばエプソンのミニプリンタープロジェクトの事例では、電気電子系の知識が少ない機械系エンジニアが、プロジェクト中に並行して大学で2年間電気電子の勉強を進め、必要な知識を得ていたという。リーダーは「2つの技術、2つの分野（例えば設計とマーケティング）に精通するように」とチームに言った。「我々のように技術特化した会社であっても、市場を捉えて開発を見通す力が必要だ」という。

さらに、企業の人事部の役割の重要性にも言及している。人事部は、個人個人が積極的に体験から学ぶ姿勢（Learning by Doing）を育てるとともに、最新技術にキャッチアップする手助けをしなければならない。こういった施策は、企業全体が組織変革に向かうムードを支える「文化」となるのだ。

アジャイル開発では

アジャイル開発では、顧客の要望を「仕様書」という形ではなく、「ユーザーストーリ」という読みやすい形でカードに書き出し、それらを壁に貼ることが推奨される。これには、コミュニケーションを発生させる意図がある。詳細に書かれた仕様書という形態ではなく、実際に顧客と対面で会話をすることによって、要望についてのより深い理解を得るのだ。ときには、顧客やユーザーの実際の作業場所、利用場面を訪問することもある。紙に書かれて渡される仕様書では発生しない、ダイナミックな経験まで含めて、チームで体験する。これらは、ソフトウェア開発を専門とする開発チームであっても、顧客の環境や課題について会話や体験を通じて学ぶことを重視している例である。

また、スクラムチームのメンバーはそれぞれの専門分野はあっても、それを越えてゴールに向かって協働することが求められる。課題はチームの課題であって、個人のものではない。課題を共有することで、その解決をチームで行うのだ。これが、オリジナルの多能力学習に対応している。チームにいるデザインが得意な人、プログラミングが得意な人、テストが得意な人、それぞれのスキルを現場で学び合う環境なのだ。また、「プロダクトオーナー」は、製品のビジネス的な判断を行う責任を持っているが、それでも開発者はプロダクトオーナーを支援するし、その過程で製品の市場やマーケティングについて開発者もプロダクトオーナーから学ぶことができる。

オリジナルのスクラムで言及されている、組織レベル、企業レベルの学びについては、アジャイルでは現在様々な手法が提案されている（第5章参照）。もともとアジャイルがソフトウェア開発の手法として登場してきた経緯もあり、現在ではまだチームレベルの開発手法として捉えられている。しかし、アジャイル開発が「市場に受け入れられる製品を作ること」を目標としていることから、この活動を組織レベルに、そして企業レベルにまで昇華しようと考えるのが自然だ。

ジェフ・サザーランドは複数のスクラムチームを階層化して組織全体をスクラム化している。その中では、デイリースクラム（朝会）を個々のスクラムチームで行った後に、スクラムマスターが集まって上位のデイリースクラムを行ったり、スプリントごとに上位のスクラム（メタスクラム）を関係者で行ったりすることで、企業全体をスクラムとして運営する。この手法は、ソフトウェア開発のみならず、企業全体をアジャイル組織にする手法として注目されている（第5章参照）。

また、ほかのマルチ学習の例として、音楽配信のSpotifyでは、顧客価値に沿ったチームづくり（縦）と、専門領域の知識の共有（横）の両方を編んだ組織作りの事例を発表している。

5. 柔らかなマネジメント

「無管理」でも「強い管理」でもなく、自主性を尊重した「柔らかなマネジメント」が重要である。

オリジナルでは

スクラムチームは自律的に運営されてはいるが、まったくマネジメントがないわけではない。マネジメントの役割は、不安定さと曖昧さが混沌に陥らないよう、微妙なラインでチームを管理することだ。ただし、創造性と自主性の芽を摘んでしまうような、硬直化した管理を行ってはならない。「自己マネジメント」「相互マネジメント」そして「愛情によるマネジメント」の3つを総称して「柔らかなマネジメント」と呼ぶ。

新製品開発の中での柔らかなマネジメントには、7つのポイントがある。

1．正しいメンバーを選ぶ。そして、プロジェクト途中でもグループダイナミクスを観察し、必要であればメンバーを入れ替える。

2．専門を越えて対話が起こるような、オープンな仕事環境を作る。

3．顧客やディーラーがどんな意見を持っているか、エンジニア自身がフィールドに出て行って聞くように仕向ける。

4．人事評価、報酬制度を、個人ではなくグループ評価を基本とする。

5．開発が進行していく中で、リズムの違いをマネジメントする。

6．失敗を自然なこととして受け入れる。ブラザーの例では、「失敗は当たり前。鍵は、早期に間違いを見つけ、すぐに修正すること」、3Mの例では「成功よりも失敗からの方が学べることが多い。ただし失敗するときには、創造的に失敗すること」という言葉が引用されている。

7．サプライヤーに対しても、自己組織化を促す。設計の早いタイミングから参加してもらうのがよいだろう。サプライヤーに細かな作業を指示してはいけない。課題を提示してどのように解決するかは任せる。

アジャイル開発では

スクラムチームには、「プロジェクトマネージャー」は存在しない。強いていえば「スクラムマスター」がその立場になるが、トップダウンで意思決定したり、指示命令をしたりはせず、協調型のリーダーシップをとる。特に、2.のオープンな仕事環境作り、5.のリズムのマネジメントなどがスクラムマスターの仕事となるだろう。また、3.のフィールドへ出かける姿勢、6.の失敗に対する考え方は、アジャイルの価値観や原則の中で言及されている。

しかし、オリジナル論文にある、ほかの部分についてはアジャイル開発の外側の問題として、従来のマネジメントとの接合部分となり、現在でも議論が多く交わされている。4.の評価制度や、1.の人の選択、さらに7.のサプライヤー（ソフトウェア開発では協力会社やベンダー）の扱いなどに関しては、現実のプロジェクトでは常に発生する課題である。

1.の人の選択について、ジム・ハイスミスは『アジャイルプロジェクトマネジメント』[5]の中で、「リーダーシップには、スタッフの選定やスタッフの育成、継続的な激励も含まれる。リーダーはそのような活動への義務がある。適任者をバスに乗せ、不適任者はバスから降ろす。才能に合った役割につくようにメンバーを舵取りし、技術的にも行動面においてもスキルを育成していく。そして、頻繁なフィードバックを行い、メンバーを励ます。これらはすべて、プロジェクトマネージャーに課された、時間のかかる重要な仕事である」としている。アジャイル開発に限らず、人の選択に関する部分はマネジメントの重要な役割であろう。

また、4.の評価制度に関して、ポッペンディーク夫妻は『リーン開発の本質』[6]の中で、「個人の評価よりもチームの評価を優先させること、チーム全体にインセンティブが働くような評価制度にすること」を提案している。

繰り返しになるが、この部分はアジャイル開発が扱う問題の「外側」とみなされることが多い。しかし、企業活動としてのソフトウェア開発を考えるときに、チームと経営の間として埋めていかなければならない部分でもあることは間違いない。実際、最近登場したエンタープライズアジャイル手法の中では、Scrum@Scale、SAFeやDisciplined Agileの中にこういった課題が明示的に言及されている（第5章参照）。

6. 学びを組織で共有する

過去の成功を組織に伝える、もしくは、意識的に捨て去る。

オリジナルでは

「マルチ学習」で触れたように、学びは多層に（個人からグループへ）、多能力に（複数の専門領域へ）積み重ねられるが、この学習をさらにグループを越えて伝え、共有していく活動が見られる。1つの新製品開発が終わった後に、次の開発につなげる活動や、ほかの組織へと伝える活動である。研究した組織の中にはこの知識伝達活動を「浸透的に」行っているものがあった。つまり、キーパーソンを、次のプロジェクトに入れることによって、やり方を浸透させるのである。あるいは、プロジェクトのやり方を組織標準へと昇格させる方法もある。

組織は、自然と成功したやり方を標準化して制度化する方向へと向かう。ただし、これが行き過ぎると逆に危険だ。外部環境が安定している場合には、過去の成功を「先人の知恵」として言葉で伝えたり、成功事例を元に標準を確立したりすることはうまくいく。しかし、外部の環境変化が速いと、このような教訓は逆に足かせになることがある。多くの場合、過去の成功体験を捨て去ることは難しく、外部環境の変化によって強制的に捨てることになる。しかし、いくつかの組織では意識的にその努力をしていた。

アジャイル開発では

アジャイル開発は1つの製品やプロジェクトに対する開発手法として誕生した。アジャイルが普及し始め、アジャイルと組織改革や、組織全体でのアジャイルへの転換の話題が語られるようになり、最近、エンタープライズアジャイルや、アジャイルをスケールする手法の中でも取り上げられている（第5章参照）。

もともとのアジャイル手法はこの部分が欠落している。それは、プログラミングを中心とするソフトウェア開発が元来のアジャイルの対象であり、企業内で知識を育てていこうという考え方が（少なくとも最初は）希薄であったためではないか、と筆者は推察している。特に、90年代以降に設立された若い企業、西海岸を中心とするスタートアップではビジネスを早期に立ち上げ、投資を受けて成長し、株式公開や大企業に買収されることが成功である、という路線を描く企業が多い。その中で、ソフトウェアエンジニアは経験と高い報酬を求めてプロジェクトごとに職場を転々としながら、履歴書に勲章を揃えていく。あくまでも、プロジェクトの成功と、個人の経験の蓄積に価値がある。だから、プロジェクト内での知識の共有には意味があっても、会社組織全体に知識を蓄えていく動機が起こりにくい。または、それだけの長い間企業が存続しないこともある。

逆に日本は、（最近では古びてきたものの）終身雇用という考え方も未だに残っており、自分の会社を家庭のように考える就労観もある。企業側も、人材を「人財」と呼んで教育を手厚く施し、将来に向かって育てようとする。

よって、「学びを組織で共有する」というオリジナルのスクラムにある考え方は、アジャイル開発に抜けた部分として、日本のオリジナリティが活きる領域だとも筆者は考えている。世代を越えて企業が存続し、「持続的イノベーション」を起こしていく日本の経営の中から、この部分を埋める考え方が、経営視点とエンジニアリング視点の両方を持って出てくることが望まれる。そのための1つが第12章で述べる「実践知リーダーシップ」である。

最近のアジャイルの大規模化の中には、横断的知識を企業活動として蓄積する活動を含んだ実践例も増えてきていることも追記しておく。例えば音楽配信のSpotifyのモデル[7]などである。

INTERVIEW

スクラムで仕事のやり方を変え、世界を変えたい

Scrum Inc.
CEO
ジェフ・サザーランド氏

ソフトウェア開発スクラムはどのように生まれたか

――スクラムを開発しようと思ったのはなぜですか？　一番の動機を教えてください。

私は最初ＮＰＯであるAccionの事業からインスパイアされたんだ。Accionは、バングラデシュでユヌス博士が創設したグラミン銀行のような、マイクロファイナンシング（貧困者向け小口金融）事業を行っている。小額のお金を小さなチームの小さなビジネスに貸し与える事業だ。このお金は、町でフルーツを売るためのカートを購入したり、洋服を作るためのミシンを購入したりする費用になる。このような小さなビジネスの目的は、最初は十分な食べ物を買うためかもしれない。

でも、しばらくすると服を買うことができる。貧困層には、服がないために子供を学校に通わせられないという人が多く、服を買えるようになることは彼らにとって重要なステップであり、小額のお金が、貧困から抜け出すための「ブートストラップ」（大きく変わるための小さなきっかけ）になる。小さなグループに「小さく」お金を貸し出すことで、彼らの生活が「大きく」変わるというわけだ。

私がAccionの委員会に関わったとき、自分の本来の仕事であるソフトウェア開発においても、エンジニアたちがこの南アジアの貧困層の人々と同じ問題を抱えていることに気づいたんだ。彼らは、お金は十分に持っていたが、決して十分なソフトウェアをうまく作っているとはいえなかった。そして、いつも納期に遅れ、出荷されたソフトウェアの品質問題も抱えていた。その結果、絶えず管理職からプレッシャーをかけられ、まるで下層階級のように扱われていた。彼らの人生の質を大きく変える小さな変化とは何だろう？　この問いが、私の最初の気づきであり、それがソフトウェア開発のよりよい方法を作るという挑戦を始めるきっかけになった。

——そんなふうに、ソフトウェア開発の世界を変えたい、と思い始めたのはいつごろですか？

ＥＡＳＬＥ社にいたとき、私はまったく新しいオブジェクト指向型４ＧＬの開発リーダーを務めていた。開発チームはいつでもプレッシャーをかけられ、管理者たちはいつも機嫌が悪く、そして顧客はいつも不満を抱えていた。私とチームのコンサルタントだったジェフ・マッケーナは、なぜこうなるのか、どうやったらこの仕事に携わる人たちの生活をよくできるかといったことをいつも話していた。そして最後に行き着いたのは、「問題は仕事をするための組織構造にある」という結論だった。通常、マネジメントは階層的であり、コマンド―コントロール型のプレッシャーによって管理しようとするものだ。コンウェイの法則によれば「ソフトウェアの構造はそれを作り出した組織構造に従う」となるだろう。私たちのソフトウェアはオブジェクト指向だったので、官僚的な組織構造とミスマッチが起きていたのだ。ならば、オブジェクト指向的な組織構造を作ったらどうだろうと考えたというわけだ。

――そして、スクラム型のチームを組織したのですか？

いや、最初からそうしたわけではない。最初は、私のベル研究所（以下、ベル研）とMITメディアラボでの経験を活かしたチーム構成を試すことから始めた。専門性（ジョブ・ディスクリプション）で個人個人の仕事を分割しない小さなチームだ。この形は、ベル研の10年にわたる研究で生産性に本質的な影響があるとわかっていた。そしてMITメディアラボでは、数週間ごとに、本当にすごいソフトウェアを作り続けることが必須であり、それができないならばソフトウェア開発は終了させられてしまう。これらの経験から、私たちはベル研のように、たった1つのジョブ・ディスクリプション、すなわち「開発チームメンバー」からなる小さなチームを作った。そして、1ヶ月周期のスプリント、その1ヶ月の最後にスプリントレビューとしてデモを行う、というルールを作った。その後、広範囲にわたる調査プロジェクトを走らせた。ビジネスとソフトウェア開発に関する文献と事例、中でも通常の5〜10倍の生産性向上をもたらしたものを中心にあたった。チームワークと生産性に関する数百の論文を読み終えたところで、私たちが探していた新しいソフトウェアの作り方に、最も重要な影響を与えることになる論文に出会った。それが、竹内氏と野中氏の「The New New Product Development Game」だった。私たちがこの論文に出会ったとき、ここに書いてあることこそが探していたチーム構成とマネジメントの考え方である、と全員が納得したのを覚えている。チーム組織に関する新しいアイディアでは、チームは階層的に管理されるのでなく、自己組織化されていなければならない。階層的な組織構造と詳細に指示を与えるマイクロマネジメントは、チームの速度を落としてしまうことから、私たちはゲームに勝つために自己組織化するスポーツチームのモデルを採用した。

――それを実践に移したのですね？

竹内氏と野中氏の論文にあったアイディアを取り入れた開発チームは、1993年の終わりに作られた。そのチームによる世界初のスクラムスプリントは、1994年1月だ。チームはチームリーダーを「スクラムマスター」と呼ぶことにし、機能横断チームモデルを採用した。でも、私たちエンジニアの生活を大きく変えるまでにはいかなかった。

1994年2月に始まる第2スプリントでは、「デイリースクラム（朝会）」を取り入れたのだが、それはすごくうまくいった。そのときは、ボーランド社のQuattroProの開発チームを分析したジム・コプリーンの論文（「組織プロセスパターン」[8]）を読んでヒントを得た。論文の中の8名からなるチームは、マイクロソフトのチームよりも50倍の生産性を示していた。つまり、8名のボーランドエンジニアは、400名のマイクロソフトエンジニアに匹敵するわけだ。私はジムの論文から「デイリースクラム」を第2スプリントに取り入れて、やり方を調整した。時間を15分にし、それぞれのメンバーが答えるべき質問を3つに絞った。

第3スプリントでは、最初の2回のスプリントに比べて生産性は400%にアップした。1ヶ月分の仕事を1週間で終えたときには全員がびっくりした。これは、チームがそれぞれの仕事に注意を払っているからだ。一人ひとりの仕事はチームのパフォーマンスを最大にしているだろうか？　仕事を早く終わらせるために助け合うことはできないだろうか？　以前は何日もかかっていた仕事が、ペアになって作業をすることで数時間に短縮されることもあった。

――竹内氏と野中氏の論文は、あなたの仕事に大きな影響を与えたといってよいでしょうか？

イエス。竹内氏と野中氏の論文は、スクラムを形式化するにあたって、すべてのアイディアや理論的背景をまとめあげる触媒になったといえるだろう。

——スクラムは世界をどのように変えたのでしょう？

現在、65％の人が自分の仕事を幸せだと考えていないという調査結果がある。彼らは、自分たちの仕事がうまくマネジメントされていない、自分の仕事を自分でコントロールできない、創造性を排除されている、と考えている。そしてこのことが生産性を落とし品質も悪くしてしまう根本の原因だと思うんだ。もしみんなが自分の人生に責任を持ち、自分の進む方向を自分で決められたとしたら、自分の人生にもっとエネルギーと創造性を感じて、チームですごいソフトウェアを作り出す仕事を、わくわくしながらやれるんじゃないかと思っている。その結果、製品のコストが10分の1になれば、この地球上の人々はもっと必要なものが手に入るようになるだろう。スクラムによって、こういった職場の変化、そして製品やサービスの変化が、もっと現実的な未来に近づくと思っているんだ。

——ありがとうございました。

インタビューを終えて

ジェフは、少々熱っぽく、自分たちが開発したスクラムのモチベーションと、それが引き起こすことであろう世界の変化について語ってくれた。このインタビューの後、彼のScrum Inc.のエグゼクティブ・ディレクターであるローラ・アルソフが、インターネットの求職情報検索サイトを見せてくれた。折しも、米国では失業率が問題になっていたときだ。

「このサイトでスクラムに関する求人を検索してみると、今日時点の新しい求人が40万件あるの」

このことは、ジェフが最初にグラミン銀行のマイクロファイナンシングの例に気づきを得て、ソフトウェア開発の世界にも同じような変革を起こそうとし、その情熱が、確かに世界中に有意義な仕事を生み出した、という1つの証拠になるだろう。

（2012年10月、ボストン市内Scrum Inc.にて採録）

第11章 スクラムと知識創造

ソフトウェア開発は、プロジェクトもしくは製品の要求を分析し、それをソフトウェアによって実現する活動である。この活動の中では、2つの知識が新しく獲得される。

1つは、要求をどのように実現するか、という実現に関する知識。そしてもう1つは、そもそも要求自身は正しいのか（ユーザーにとって使いやすいのか、市場に受け入れられるのか）、という要求および市場やユーザーに関する知識である。

ウォーターフォール型の開発では、要求そのものは「決まったもの」として受け入れるが、第1部でも述べたように、現代のソフトウェア開発では市場の変化が激しく、要求そのものが変化する。さらに新事業やスタートアップのような領域では、ユーザーについての知識を獲得しながら開発を徐々に進める「リーン・スタートアップ[1]」という手法がとられることが多くなってきた。

ここでは、ソフトウェア開発を知識創造活動のプロセスと捉え、ナレッジマネジメントのモデルとスクラムの関連について考える。

ナレッジマネジメントの分野において古典となっている考え方に、筆者らが提唱したSECIモデル[2]がある（セキモデル、と読む）。これは、「知識」というものがどのように発生して成長するかを、「暗黙知」と「形式知」という2つの知識形態を螺旋として捉えたものである。アジャイル開発手法「スクラム」についての最初の書籍である『アジャイルソフトウェア開発スクラム』にもこのSECIモデルは引用されており、スクラム理論の中心となるモデルといえるだろう。

暗黙知と形式知

「暗黙知」とは文字どおり、暗黙の中にある知である。この知は、言葉や文章で表現するのが難しく、主観的でかつ身体的な、いわば「経験知」であるといえる。場面ごとに経験と密着しており、言語化、抽象化されていない生のものである。ただし、繰り返すことで身体にしみこませることはできる。知識の中では、思考スキル（思い・メンタルモデル）や行動スキル（熟練・ノウハウ）が暗黙知にあたる。

例えば自転車の乗り方などがそうだ。「身体でわかる」ことが本質であり、文章で説明しようとしても難しい。しかし人間はこの形態の知をたくさん持っている。企業内での暗黙知の例として、例えば「顧客を怒らせないクレーム処理」がうまい人がいるとする。その人はクレーム処理についての本を読んで勉強したわけではなく、経験からそのスキルを身につけているとしよう。その場合、その人の中に存在しているクレーム対応スキルは、暗黙知ということになる。

この対極にあるのが「形式知」と呼ばれる知の形である。この知は、言語化、形式化されており、言葉や文章で表現できる。客観的でかつ理性的な、いわば「言語知」である。また、特定の文脈に依存しない知であるともいえるだろう。知識の中では、広く知られた理論、企業内で整備された概念や手法（理論・問題解決手法・マニュアル・データベースなど）が形式知にあたる。

例えば、数学をはじめとする科学は、非常に大きな、人類の形式知財産だといえよう。数式をはじめとする言葉で記述されており、文脈によらず普遍的に正しいことが知られている。数学ほど普遍的でなくても、先ほどの「顧客を怒らせないクレーム処理」のうまい人の例に沿えば、そのスキルを、言葉で書き出してマニュアルや事例集として文書化したとき、それが形式知になる。こうなると、その知は組織内に伝播できるようになるわけだ。

図11-1 知識創造のSECIモデル

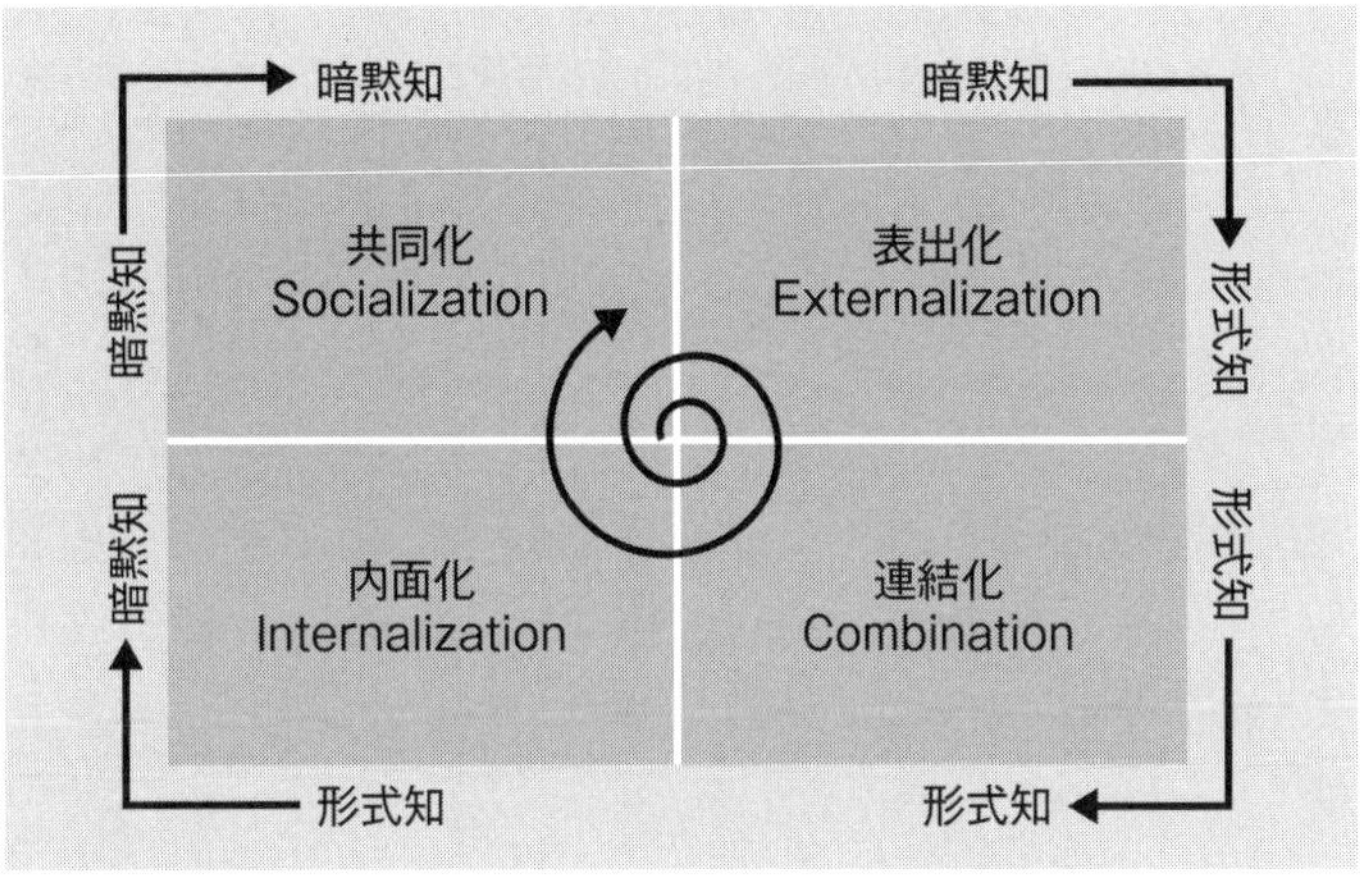

共同化
Socialization

表出化
Externalization

内面化
Internalization

連結化
Combination

暗黙知 → 暗黙知（共同化）
暗黙知 → 形式知（表出化）
形式知 → 形式知（連結化）
形式知 → 暗黙知（内面化）

SECIモデル

この2つの知の形は、氷山に例えられる。海の中にもぐって見えない部分が暗黙知であり、海の上に顔を出している部分が形式知だ。2つの形態を相互に繰り返して変換していく運動が知識創造活動である、としたのが筆者らのSECIモデルである。水面下の領域には、膨大な感覚・イメージ的な経験知がある。それを集団で共感し、共有し、変換して、新しい知を作り出していくのだ（図11-1）。

「共同化（Socialization）」（暗黙知→暗黙知）

個人が組織の中で暗黙知を共有する活動である。個人が持っている暗黙知を、共同で作業をしていく中で他人に伝え、組織の共同の暗黙知とする。組織で1つの体験をする中で、互いに感情移入したり、身体にタッチしたり、同じ直感を得たり、身体や五感を駆使しながら暗黙知を共有、共感していく活動だ。サッカーやバスケットボールの練習のように言葉だけでなく、うまい人が例を見せ、一緒にやってみて、身体で覚える。この活動では、はっきりと理論化されたものが伝わるのではない。まだ言葉になっていない、身体が持っている知識や感情が組織で共有される。

「表出化（Externalization）」（暗黙知→形式知）

個人や組織内で持っている暗黙知を分析し、文書化することで形式知に変換し、伝達可能な形にする活動である。これまで言葉になっていなかった暗黙知を言葉で語り、対話や思索を通じて文章や図、あるいは、仮説の形に創造するのである。ここで初めて知は形を持ち、単独でも歩ける形式知となる。ただし、すべてが書き出せるわけではないことに注意しよう。

「連結化（Combination）」（形式知→形式知）

形式知同士を組み合わせたり編集したりすることで、知識を体系化し新しい知識を生み出す活動である。知識は伝播・共有され、ときにはＩＴやツールの力を借りながら成長する。このような知識の組み合わせや加工ができるのは、それが形式知となっているからである。形式知の形になったものは伝達可能なだけではなく、加工・編集の対象にもなる。このようにして、既存の形式知から、さらに新しい形式知が生み出される。

「内面化（Internalization）」（形式知→暗黙知）

新たに生み出された形式知を、今度は個々人の暗黙知として取り込む活動である。形式知はそのままでは具体的な実行を伴なわない。行動を通じて形式知を具現化し、実践することで、身体で理解・学習していく。新しい暗黙知を獲得することで、個人は階段を1段上る。本やマニュアルという形式知を読み、実際にやってみて体験し、身体で理解するという活動だ。

さて、アジャイル開発に視点を戻すと、この繰り返しモデルはアジャイル開発でのスクラムが行っている繰り返し（スプリント）と相似であることがわかる。アジャイル開発では場とコミュニケーションを重視し、暗黙知の伝達幅を増やすことで知識創造を起きやすくしているといえよう。

1回1回のスプリント終了ごとにスプリントレビューを行い、「デモ」と「ふりかえり（レトロスペクティブ）」を行う。デモを強制することで動く製品が成長していることを確かめ、デモを見ることで現物から製品の出来栄えに対する感覚を関係者が得られる。ここでは、ドキュメントやレポートでは決して得られない、感情面も含めた共感を作ることができる。そして、製品を小刻

図11-2 知識創造活動としてのスクラム

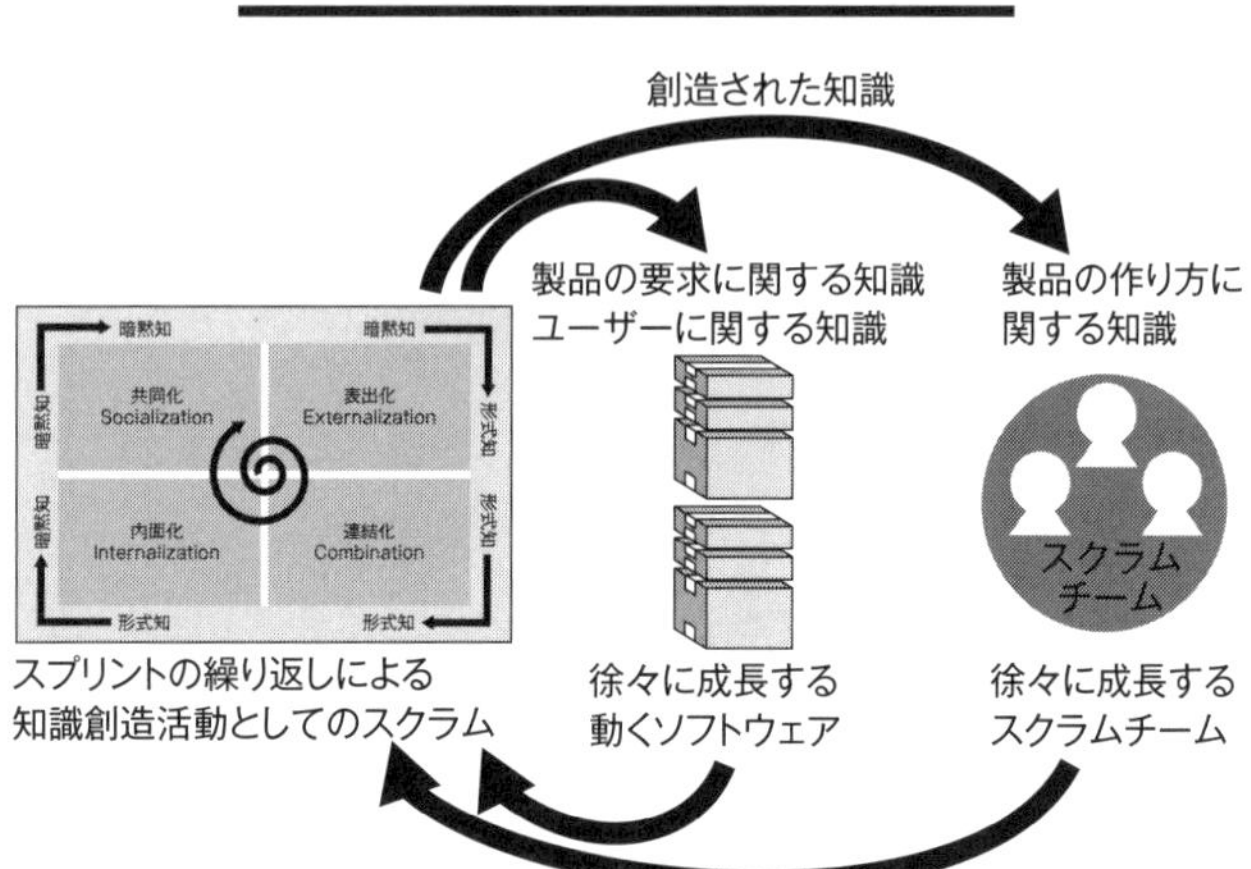

みにリリースすることで、実際のユーザーが使ってみて感じたフィードバックも得ることになる。さらに、ふりかえりによって自分たちの仕事のやり方そのものを改善し、新しいやり方（プラクティス）をチームが獲得することができる。

すなわち、スクラムはスプリントによって獲得・創造した知識（要求に関する知識、ユーザーに関する知識、作り方に関する知識）を、「動くソフトウェア製品の成長」と「スクラムチームの成長」という、2つの形で蓄積していく活動だといえるのだ（図11-2）。

第12章 スクラムと実践知リーダー

前章で述べたように、ソフトウェア開発をはじめとする「知識創造活動」は暗黙知と形式知の螺旋的な変換活動である。スクラムを知識創造の「場」と考えたときに、その場を作るリーダーシップが必要である。アジャイル開発のスクラムにおける「スクラムマスター」は、管理者という立場ではなく、製品開発の場を作る奉仕型のリーダーであるといえる。また、「プロダクトオーナー」は製品のビジョンを作り、製品への要求を作るという意味で、製品自身の方向性を決めるリーダーである。製品への思いと情熱を語り、スクラムチーム全体を巻き込む必要がある。この両者に求められるリーダーシップとは、どのようなものであろうか。

ここでは、『ワイズカンパニー[1]』で取り上げた実践知（フロネシス）という概念を用い、スクラムマスター、プロダクトオーナーに求められるリーダーシップの形を「実践知リーダー」と表現する。これは、日本の経営者である本田宗一郎[2]に代表される「ビジョン」と「現場」を行き来するリーダーシップの形である。

アリストテレスのフロネシスと実践知

実践知リーダーを語るために、ギリシャの哲学者であるアリストテレスの知に対する考察を紐解く。アリストテレスは、「知」の3つの形態を提示した。最初の2つは形式知と暗黙知に対応する。

エピステーメー（Episteme）＝科学や哲学。普遍的で文脈依存せず、再現可能。言葉で表現できる、客観的な形式知

テクネー（Techne）＝技術、スキル、工芸。文脈依存で実践的なノウハウ知。これは、人に属する暗黙知

そして第3の知が、ここで焦点を当てる知の形、「実践知」である。

フロネシス（Phronesis）＝実践からの知恵。賢慮。文脈依存の決定を共通善の価値観、倫理観か

ら行うことができる、実践知

エピステーメーが「なぜを知る」こと、テクネーが「いかに作るかを知る」ことであるのに対して、フロネシスは「何をなすべきかを知る」ことであるといえる。

フロネシスは、「賢慮（Prudence）」もしくは「実践的知恵（Practical Wisdom）」と翻訳されている。共通善（コモン・グッド）の価値・倫理基準を持って、現実の状況と文脈の中で、その場で判断・行為ができる実践知である。言い換えると、目に見える事象と、その背後にある関係性までを読み、その場で適切な判断を下し実行する。これが実践知だ。

この最後の知の形である実践知を持ったリーダーを、実践知リーダーと呼ぶ。形式知（ビジョンや原則）だけでも暗黙知（現場の実行力）だけでもない。両者を行き来できるリーダーだ。まさに、このタイプのリーダーがアジャイル開発で必要なリーダーシップだと筆者は考えている。

実践知リーダーシップに必要な6つの実践

この実践知リーダーシップを発揮するためには、次に示す6つの実践力が求められる。

1. **何が善かを判断する**
2. **本質をつかむ**
3. **「場」を創出する**
4. **本質を伝える**
5. **政治力を行使する**
6. **社員の実践知を育む**

これらを一つひとつ説明しよう。

1. 何が善かを判断する

何が善いことなのか、という判断基準を作る実践力である。この基準は、例えば「利益」のような金銭的なものではだめで、社会に対してどのような価値をもたらすのか、という「共通善」の視点が必要である。利益というのはあくまでも、この公益的視点の目的を達成するための手段と考えなければならない。

スクラムでは、プロダクトオーナーが製品のビジョンを作る。僕たちはなぜこの製品を作るのか。この製品が市場に受け入れられたら、どんなふうに社会は変わるのか。この製品は、誰の、どんな困り事を解決するのか。この製品は何のために使われ、誰を幸せにするのか。そのために、僕たちはどんな製品を作りたいのか。それを聞いたスクラムチームがわくわくし、目を輝かせるような、壮大な夢を語る能力がプロダクトオーナーには求められる。

2. 本質をつかむ

刻々と変化するありのままの現実を見つめ、その背後にある本質を見抜く。その鍵は身体経験にある。

271ページ、図Aには、自分たちが作り出した製品（オートバイ）を操縦するライダーを、身を乗り出して観察するプロダクトオーナーの姿がある。本質の把握は具体と直感からしか始まらない。

このつかんだ本質を「3. 場を創出」し、「4. 伝えて」いくのだ。プロダクトオーナーは、各スプリント終了時の「スプリントレビュー」ごとに、現物を見て状況をありのまま把握し、評価する。また、市場にリリースした製品のフィードバックを見て、その製品の評判を受け入れる。これらの評価から、本質を見出す洞察能力が必要となる。

3.「場」を創出する

本質をつかみ、それを知識として創造する（共有・成長させる）には、その知が流通しやすいダイナミックな時空間を作り出す必要がある。この時空間において自分と他者の間に構築される関係性、文脈を「場」と呼ぶ。個人間の相互作用を触発するのは、組織図の抽象的な構造ではなく、具体的な「場」なのだ。

スクラムには、この「場」がイベントや成果物として組み込まれている。毎日の「朝会」、スクラム終了時の「レビュー」や「ふりかえり」等、フェイス・トゥ・フェイスでの会話、さらに、実際に動くソフトウェア、そのデモ、壁に貼り出された「タスクかんばん」や「バーンダウンチャート」、時間と空間に配置された「場」が数々設定されている。この「場」では文書による報告では得られない共感・共振が起こり、「いま・ここ」で暗黙知が共有される。

また、スクラムではプロダクトオーナーと開発者が1つの部屋に同席することが望ましいとされる。決められたタイミングで起こるミーティングだけではなく、その場その場で何気なく起こる質問ややり取りも、重要な「場」の一形態だ。「ユーザーストーリ」に関する質問、設計に関するブレインストーミングなど、必要な場面で必要なメンバーの会話が発生するようなチーム作り、仕事場作り、信頼関係作りを、スクラムマスターはリードする。

4. 本質を伝える

現場で起こるミクロの直感を、マクロの構想力（ビジョンやテーマ）と関連付け、対話を通じて抽象化、概念化、モデル化し、メタファーや物語として伝える。

プロダクトオーナーは、2.で得られた直観的洞察を、言葉に表現してスクラムチーム全体にビジョンとして伝える必要がある。開発された製品の出来栄えや、それに関するフィードバックを一つひとつの事象として捉えるのでなく、次のビジョンに昇華し、言葉に表現してビジョンを作る。絵を描き、さらに、それをスクラムチームに情熱を込めて語ると同時に、「ユーザーストーリ」に展開して表現する。その際には、モデルや絵に加えて、メタファー（例え話）や歴史上の逸話、レトリックの力も必要になる。人の共感と論理的理解の両方を作り出さねばならない。

5. 政治力を行使する

リーダーはあらゆる手段を駆使して、このビジョンを実現する。ときには政治力も必要だ。

プロダクトオーナーおよびスクラムマスターは、製品のビジョンを実現すべく、スクラムチーム全体を巻き込んでビジョンを共有・説得するとともに、スクラムチーム外の組織とも交渉する必要がある。スクラムの実践は、ときには既存組織との衝突を生む。それでも、ビジョンの実現に向けて組織の他者を動かし、スクラムチームの成果を表現していく。これには、スクラムチームの内外両方に対して、積極的に働きかけなくてはならない。多分に政治的な能力が必要となる。

この政治力が、日本のミドルマネジメントの1つの意味であろう。縦には現場とトップを接着し、横には他部署を巻き込んで協力を仰ぐ。プロダクトオーナーやスクラムマスターが、組織のミドルマネジメントとつながり、矛盾や衝突をどう調整できるか、が企業の中でのスクラムの成功を決めると言っても過言ではない。

6. 社員の実践知を育む

個人の実践知を組織内に継承・伝授して、次世代リーダーを育成する。さらに、この能力を分散させて組織内に浸透させる。社員全員を実践知リーダーにすることである。

このことは、アジャイル開発のスクラムの中には明示的に書いていない。スクラムはあくまで「プロダクト、あるいは、チーム」という単位が基本である。しかし、日本企業でのスクラムを考えると、それは企業の文化やほかの組織、人事制度と切り離しては考えられず、人材育成の問題も視野に入れる必要がある。特に、日本のミドルマネジメントは、この人材育成の視点が不可欠であり、実践知リーダーシップを個人のものから、組織に伝播させ自律的な分散リーダーシップにまで浸透させる能力が必要なのだ。プロダクトオーナーやスクラムマスターは、常に自分の後身育成を考えなければならない。

以上、6つの実践項目が実践知リーダーに必要である。これらには元来アジャイル開発のスクラムにはない、企業や組織の視点がある。特に最後の項目「社員の実践知を育む」は、実践知リーダーシップが再帰的にフラクタル組織の中で分散され、育っていくことで企業が持続的に成長する、という中期的視点に立っており、日本的な経営スタイルの鍵でもある。

第5章で紹介したように、スクラムを組織的に展開する手法が近年注目を浴び、複数のスクラムチームをスケールする方法、企業ワイドに展開する方法、などが提案されているが、これらに足りない「持続的な会社」および「リーダーとして育つ人材」、という観点を追加しなければならない。また、私たちはここで述べた6つの実践知とアジャイルの活動を合わせていくことが、実践知リーダーとして進むべき道だと考えている。

COLUMN

野中理論とスクラム

“The New New Product Development Game〟は、スクラムの直接の参照文献となっているし、『知識創造企業』[3]のSECIモデルは暗黙知と形式知の相互変換が知識創造活動の正体であるとして、スクラムの理論的基礎となっている。

ここでは、その後の書籍である『知的機動力の本質』[4]および『ワイズカンパニー』[1]からいくつか参考となるコンセプトを紹介したい。スクラムがソフトウェア開発から組織論に広がりつつある現在、野中のほかの言説を読み解くことによって、よいアジャイル組織のあり方のヒント、および、今後のアジャイルの方向性が見えてくる。

『知的機動力の本質』

アメリカ海兵隊の研究から、現代の組織の意思決定や組織のあり方を提言しているのが、『知的機動力の本質』である。この中には、スクラムと並行する概念が複数見つかるが、どれも、現代の市場の変化の速さの中で、新しい知識と価値創造を、物量ではなく機動力を高めることで実現している点が共通している。以下に、主なコンセプトを紹介する。

【消耗戦から機動戦へ】

ウォーターフォール型の開発から、アジャイル型の開発へと開発手法が変化してきたのは、市場の変化の速度が激しくなったこと、さらに、その中では「人」と「チーム」の力が最も大切な要素である、との認識が進んだからであろう。

軍事戦略の分野でも、大量の火力を集め、物量と中央集権的な指示・命令で勝つ「消耗戦」から、情報収集によって敵の最も弱い部分を発見し、臨機応変に兵力を集中させて勝つ「機動戦」へと戦略が変化してきた。

これは、ちょうどビジネスと市場における、ウォーターフォールとアジャイルに対比できる。機動戦では、自律分散的な意思決定（最も情報を持つ前線が決定権を持つ）、信頼関係の尊重、計画より戦況観察・情勢判断・意思決定・行動のループ（OODAループと呼ばれる）などの特徴があり、これらは、現代の企業の組織でも「知的機動力」を高める要素として、アジャイルの採用と符合し、重要視されるようになってきたと捉えられる。

【三位一体】

スクラムには3つの役割、「プロダクトオーナー」「スクラムマスター」「開発者」があり、それぞれの果たす責任が決められている。3つの専門的役割が一体となることで、チームが自律的に意思決定、行動できる。また、開発者それぞれも、アーキテクト、プログラマー、テスターといった得意領域を持っているが、この多様性が1チームにあること、また、ビジネスと技術の両面での意思決定が1チームの中で可能であることが本質的である。

「専門性を維持しながらの一体化」が、スクラムを貫いている。これに対応するコンセプトがアメリカ海兵隊にも見られる。アメリカ海兵隊の独自能力は、陸・海・空が一体となり「自己完結型」で司令から離れてもミッションが達成できる遠征即応能力である。

海兵隊が第二次大戦で発明した「水陸両用作戦」は、海から入り軍艦からの支援と、上陸後の飛行機による航空支援、その両方を受けながら、敵地に上陸し前進基地を奪取する作戦行動である。この作戦では、陸・海・空という3要素が1つの部隊に同居することで、個々人の過去の経験を活かした判断からなるすばやい意思決定が可能になる。さらに、信頼関係、経験や文脈をもとにした直感を含めて、外部からの支援要請能力が高まる。自分たちの50m先に空からの爆撃を要請するには、地上上陸部隊の中に、空からの俯瞰体験があり、かつ実際に上空に指名されたパイロットと話ができる、パイロット経験者が必要なのである。

図12-A 野中理論とアジャイル開発のスクラムに見つかる並行性

著作	アジャイル／スクラムとの関連
『知識創造企業』	SECI モデル＝「暗黙知」・「形式知」の相互変換によるスパイラルアップが知識創造の正体である
"The New New Product Development Game"	「スクラム」という名前が採用される。オーバーラップするフェーズと人。６つのスクラムチームの特性
『知的機動力の本質』	陸／海／空の三位一体組織が、意思決定できる単位（スクラムチーム）。消耗戦から機動戦へ。フラクタルな組織。OODA による行動様式
『ワイズカンパニー』	第三の知として「実践知」。新たなソフトウェア時代リーダーに必要な「倫理と賢慮」

現代企業組織では、リーダーのみならず組織の一人ひとりが現実の市場や技術などの環境変化を感じ取り、組織のビジョンやゴールに向かって、適時適切に判断しつつ、戦略や戦術をダイナミックに変えながら行動する、知的機動力が必要だ。

すばやい意思決定を行うには、組織が縦割りでフェーズごとにハンコリレーで決定したり、下部組織が上層部の決定を待っているようではいけない。最も情報を多く持っている前線に決定の権限を委譲していること、さらに決定できるために専門領域を跨いだ「機能を横断した組織」を自律的な小さなチームにすべきである（これをスクラムチームと呼ぶのだった）。

【フラクタルな組織】

ジェフ・ザザーランドが開発した Scrum@Scale（第5章参照）では、5名のスクラムチームを5つ集めて SoS（スクラム・オブ・スクラム）とし、さらにそれを5つ集めて SoSoSとする。

このように、スクラムチームをフラクタルに階層化して、組織全体を運営する。

海兵隊が陸・海・空の三位一体を揃えた組織であることは先に述べたが、この構造の具体名を、海兵空陸任務部隊（MAGTAF）という。この構成は、作戦に応じて戦力規模を変化できるとともに、内部も独立戦闘能力を持った入れ子構造組織となっている。

現代組織でも、チームという最小構成単位を持ち、フラクタルに組織を組み立てられる能力が、知的機動力をスケールさせるポイントとなる。

『ワイズカンパニー』

『知識創造企業』の続編として書かれているが、「ワイズ」の元の言葉はフロネシスであり、実践知である。SECIモデルの場づくりができる実践知を持つ企業、と捉えられる。

今後のアジャイル実践が進むにつれ、企業のリーダーシップのあり方が問われる。イノベーションを作り出せるリーダーとして、自分自身の経験から、自分の言葉を使って、その時代の文脈で、参加する人の「知識創造の場づくり」ができる、このような実践知リーダーシップが今後ますます必要になるのではないだろうか。

SPECIAL TALK

イノベーションに必要なのは、対話を通じて共振・共感・共鳴する実践知リーダーシップであり、それがスクラムの心だ

一橋大学名誉教授
野中郁次郎

×

株式会社チェンジビジョン
株式会社永和システムマネジメント
平鍋健児

この対談では、日本からのイノベーションをどう起こしていくか、という大きな視点から、イノベーションとソフトウェア、アジャイル開発とスクラム、ナレッジマネジメント、知識創造プロセス、実践知リーダーシップ、といった話題を野中郁次郎先生に縦横無尽に語っていただく。なお、この対談では、オリジナルの新製品開発のスクラムに対して、ソフトウェア開発の中でのスクラムを「アジャイルスクラム」と呼んでいる。

イノベーションはどこから来るのか

平鍋　本書を作るにあたって考えたのは、危機的な状況下で日本の経営のあり方が問われる中、日本ならではのイノベーションを今一度発信していけないだろうかということでした。そこで、まず、イノベーションというものがどこから来るのか、ということを考えたいと思います。

野中　イノベーションというのは、いうなれば「思いの実現」です。思いのないものにイノベーションは作り出せません。ものづくりに関わる1人として人生のすべてを賭けるような、全人的なコミットメントというのは、やはり身体で参画しなければ生み出せないものです。イノベーションは「知識」が具現化した形ですが、そういう意味で、「知識」というのは初めから客観的に与えられてそこにあるものではありません。客観的にあるのは「情報」に過ぎないのです。では、最初にあるべきものは何か。それは、自分自身のうちにある真剣で熱い思いです。それを自らコミットして世界に投げかけ、周りの人々も巻き込みながら、実現するまでやり抜く。それが知識創造であり、イノベーションだと思うのです。思いがイノベーションとして結実する過程は、このように個人の知が集団の知、組織の知となり、やがて再び個人に帰っていきます。そういう知識創造の場を作る方法が、スクラムだろうと私は考えています。

本書に掲載したジェフ・サザーランドのインタビューでも、最初に感じたソフトウェア開発への疑問、世界を変えたいという情熱があった。そこから周りを巻き込んで対話し、体系として形式化し、ほかの分野の知識も取り入れ、さらに自分で実践して改良していったわけで、ソフトウェア開発の世界で起こったアジャイルスクラムという方法論の革新も「共同化」―「表出化」―「連結化」―「内面化」というSECIプロセスを通って創出されたイノベーションの実例だと思うのです。

PDCAだけではうまくいかない

平鍋　先生が、PDCA（計画―実行―検査―適応）という言葉は日本では特に受けがいいが、実はPから始まってはいけないのだということをおっしゃっていました。

野中　P、つまり「プラン：plan」というのは言葉で書かれた形式知であって、PDCAは最初に計画ありきなんですね。これでは本当にほしいもの、顧客に届くもの、そして感動すなわちイノベーションは作れないんです。最初に論理思考、分析思考に陥ってしまってはだめ。作るものには「意味」があって、意味は計画や論理からは出てこない。意味の正体は、最初はもっと主観的かつ曖昧で、言葉にできないことが多いのです。

平鍋　いきなり「何を作る」のではなく、「なぜ作る」のかという情熱を、主観のままに伝えることが大事だと。

野中　我々が何かを作ろうとするときには、まずプランがあるのではなく、その前に直接経験や直観、主体的・身体的な経験というものから得た動機があるはずです。それこそが「意味」であり、コミットメントの源泉になる。知も感情も含めた全人的な身体知＝思いが、まず一番初めにあるのです。しかしこれはこの時点では、まだ単なる主観に過ぎません。そこで次にほかの人々と対話しながら、その主観を客観へ、さらにコンセプトへと展開していくことが必要になります。

平鍋　そのプロセスを経て、初めてプランが出てくるということなのですか。

野中　そうです。だからＰＤＣＡのＰの前には、ＳＥＣＩモデルの「Ｓ」を置かなくてはいけないんですよ。この「Ｓ」は、共同化「Socialization」の頭文字です。要するに、自分の主観を周りの人と対話して共有してもらうこと。つまり、場を作って他人と「共感・共振・共鳴」することです。その最初のプロセスがないと、自分の信念や思いを世界に向けて働きかけ、さらにみんなと協働しながらものづくりをし、それを成果として実現するというイノベーションを作り出す力がチームや組織として出てこないわけです。そうやって一個人の思いである暗黙知を共同化し、形式化して、最終的に組織的なイノベーションにまで持っていく。

平鍋　泊まりがけで三日三晩話し合うという本田技研工業（以下、ホンダ）の「ワイガヤ」も、共感の場としての意味があるのでしょうか。

野中　特に新車開発で行われる「ワイガヤ」はコンセプト作りが目的で、徹底した議論が行われます。泊まりがけで三日三晩ですが、各個人はそれぞれの部署から出てきているので、最初の1日目は自分が所属する部門代表のような発言が多く、表面的な形式知の話になる。しかし、食事をし、酒を飲み、風呂に入って形式知を脱ぎ捨て、主観中心の全人的な対話を重ねるにつれ、「おまえはどう思うか」「なぜホンダに入ったのか」「僕たちはどうやって社会に貢献できるのか」、といった自分自身や組織の奥深くに踏み込み、暗黙知を総動員する会話にたどり着く。そこがあって、ようやく新車のコンセプトの議論ができるのです。まさに、計画ではなく、まず思いありき、共同化ありきです。

持続的イノベーションを生み出すフラクタル組織

平鍋　ホンダの例もそうですが、先生らが「The New New Product Development Game」で書かれたオリジナルのスクラムには、アジャイルの生まれ故郷であるアメリカで定式化されたアジャイルスクラムにもない優れた観点がいくつかあると思うのです。その第一が、日本のものづくりの伝統に根ざす組織の考え方だと思うのですが、野中先生からご覧になって、目指すべきイノベーションの形、そしてそれに必要な組織というのは、どのようなものとお考えでしょうか。

野中　まずイノベーションを考えたとき、それが持続可能であること、すなわち1回ではなく持続的にイノベーションが可能な組織体を作っていくことが必要だと考えています。日本の経営の誇るべき点でありＤＮＡとして伝承されていることがらの1つに、松下幸之助が唱えた「衆知経営＝知を集める経営」や「全員経営」といった考え方があります。ものづくりにおいて優れた技術やノウハウはもちろん必要ですが、こうした全体と個が一致する思想が根底にあるのが日本の経営の特徴です。これによって、1つのプロジェクトや製品開発よりも大きな広がりを持った事業展開、さらに将来にわたる組織の発展を持続的に生み出すことが可能になるのです。わかりやすくいえば、「全員が社長であれ」と。一人ひとりが考えて行動する自律分散型の組織です。つまり、1人のリーダーシップではなくて「集合リーダーシップ」もしくは「分散リーダーシップ」ということです。こうした自律分散型のリーダーシップによって動く組織が、長らく日本のものづくりの強力な背骨になっていました。こういう組織では、すべての階層がフラクタル（自己相似形）になっています。一つひとつの「部分」が全体を凝縮した形になっていて、トップ層、ミドル層、フロント層など、各層のどの部分やチームをとっても、さらに一人ひとりにまで、自律的な判断と行動能力が分散されています。

平鍋　いわゆる、社長がいて、中間管理職がいて、末端の社員がいて、という上下構造と、機能ごとに組織が分かれている縦割り構造。こういったヒエラルキーを伴った構造の階層組織とはまったく異なるわけですね。

野中　従来の階層組織は、全体を部分に細かく分割して効率を上げることに主眼を置いてきました。まずトップが命題を出して、それを下に続く層が順々にブレイクダウンしていく方法です。ソフトウェア開発でいえば、いわゆるウォーターフォールモデルがまさにその典型だといえるでしょう。

平鍋　プロジェクトが分業化されて一人ひとりの専門性はあるけれども、全体性が各人の中には共有されていない組織ですね。

野中　それに対して自律分散型というのは、どこをとっても部分が全体であり、同時に全体が部分になっているフラクタルの特性を持っています。それがイノベーションを実現する上で最適な組織体なのです。ホンダ元社長である福井威夫さんの、「ホンダはトップだけで頑張る会社ではありません。従業員全員が本田宗一郎にならなくてはいけない。大勢の本田宗一郎を育てることが、ホンダにとっては大事なのです」という言葉があります。先の「ワイガヤ」だと、散々主観を戦わせた話をした後で、最後には全員が「アイ・アム・ホンダ」になっている。これが、会社―組織―個人の意識や活動が相似形になっているフラクタルな組織の例です。その考えに基づいて、ホンダではLPL（ラージ・プロジェクト・リーダー）と呼ばれるプロジェクトリーダーの存在を、開発プロジェクトで最も重視しました。

平鍋　LPLの下では、どのような組織作りやプロジェクト運営が行われるのですか。

野中　ホンダの開発プロジェクトチームでは、1台の自動車の開発チームに開発、製造、営業まで全分野のプロジェクトリーダーを集め、これをＬＰＬが束ねながらプロジェクト全体を指揮するという体制をとっています。実際の業務では、フロントのレベルでは各担当チームが自律的な実務能力を持ちながら活動し、その成果や動きがフロントからミドルのレベルに移っていくにしたがって、プロジェクトチームの中に水平、垂直に広がっていきます。そうして異なる視点や知見を持つ人々の間に知識が共有されていくと、フロントのレベルでは見えなかった課題や問題点、解決方法などがミドルでは次第に見えてくるようになります。さらに上のコーポレートのレベルにいけば、より大きな視点と多様な知が加わってきます。このようにレベルを横断して、個々の自律分散システムが互いに共振し合いながら、垂直、水平的に多種多様な知の交わりを生じさせていくのです。

平鍋　では、今一度日本の企業にイノベーションを起こすにも、そうした組織作りが大いにヒントになるというわけですね。

野中　そうです。各々の「場」が相互作用することによって持続的にイノベーションが起こっていくのが、まさにフラクタルの特性であり、日本企業のものづくりが伝統的に持ってきた長所だといえるでしょう。

平鍋　フラクタルの組織構造を上手に活かした、ほかの事例を何かお聞かせいただけますか。

野中　そうした典型の１つは軍事組織ですが、中でも米国のアメリカ海兵隊はよい例です[1]。というのは、どのレベルでも陸海空の各軍がそれぞれ独立せずに総合化された組織形態をとっているからです。MAGTF（Marine Air-Ground Task Force）という組織を例にとると、作戦実行時の最小単位は3人チームで全員戦闘員なのですが、この中の1人は必ず飛行機を誘導する能力を持っています。これが上陸作戦で重要なのです。飛行機の援助が必要ですから。つまり組織の最小単位のチームになっても陸と海と空が1つの組織に統合されて、海兵隊の特長である機敏な作戦行動が実現できる組織になっているのです。これはまさに、組織全体と最小単位が自己相似形となるフラクタルな組織といえます。

「アジャイルはソフトウェア開発に自律分散組織を適用する試みである」

平鍋　そうしたフラクタルな組織作りの発想を、ソフトウェア開発に適用したものが、アジャイル開発におけるスクラムというような見方をすることもできますね。

野中　そういう視点で考えると、従来のウォーターフォールから現代のアジャイルへの転換というのは、ソフトウェア開発の組織の中に自律分散的な構造を組み込む試みだといえるでしょう。チームに顧客を入れ、各自が専門領域を越えて協力するような自己組織化されたチームを目指すわけですから。しかし日本の現状のアジャイルスクラムは、まだ少し遠慮している印象を受けます。もっと複数のスクラムを組み合わせて組織の中に点在するサイロを壊していけば、もっと大きなスケールにまで発展できるでしょう。

平鍋　そのためには、何が必要でしょうか。

野中　1つには、リーダーシップの形が変わる必要があるでしょう。対話と場作りを重視したプロジェクト運営、その場その場で共感を作り、高い視点の価値観で判断する実践知リーダーシップです。

スクラムには、それ自身が組織全体の変革の契機になる可能性が秘められていると思います。実現すれば、個人やチームのみならず組織が相互に作用しながら、随所に分散リーダーシップが生まれてくる。日本のものづくりのリーダーとして語り継がれる本田宗一郎やソニーの井深大、あるいは松下幸之助、シャープの早川徳次。彼らはみんな製品開発の卓越したイノベーターだっただけではなく、チームを巻き込んだ開発のプロジェクトリーダーであり、そうした組織を創り上げることに成功した名プロデューサーだったのです。アジャイルの言葉でいえば、彼らはスーパー・プロダクトオーナーだといえるでしょう。

平鍋　組織構造の方はどうでしょう。アジャイルでは職能を越えて機能横断チームを作れ、と言われています。また、先のホンダのＬＰＬが新車開発を束ねる例だと、各担当者が各自の所属部門から出てきて、その部門の立場でお互いに関わっています。そうすると、マトリクス型の組織になり、スクラムが目指すがっちり組んだチームにはなりにくい面もありますね。

野中　そうです。部門から人を集めてプロジェクトを組むと、みんな自分の部門の利益代表になってしまい、その利害関係がプロジェクト組織の中に必然的に生じる。これは本来のスクラムとはいえません。ここで、新しいイノベーションの方法であり、より理想のスクラムに近い形のプロジェクト組織として紹介したいのが、ダイハツの「ミラ イース」の開発事例[2]です。このプロジェクトでは、メンバー全員をその車の開発プロジェクト所属ということにしてしまった。各部署から集まる際に、元の部署の籍をなくしてしまい、ミラ イース開発プロジェクトの所属一本にする。プロジェクトが終わっても戻るところはないのです。こうなると、いってみれば、本籍と現住所が1つになるわけです。そうなれば全員定席ですから、プロジェクトリーダーには人事権も与える。

社員は、今日から自分はミラ イース開発プロジェクト所属だという覚悟が決まれば、一人ひとりが全身でコミットできる。ホンダのLPLの例はマトリックスです。それをダイハツは、組織を真のスクラムにすることで成功したのです。さらにここでは、メンバー30名全員がプロジェクトリーダー的な人材に育ちました。この人たちを組織の各所に配置することで、全社にこの30人の実践知が分散し浸透していく。こうして、将来にわたってスクラムが回るようになるのです。すなわち、プロジェクト自体が実践知を持った新しいリーダーを作り出すのです。実践知リーダーの育成です。

実践知リーダーとスクラム

平鍋　先ほど、ＰＤＣＡの前に「Ｓ」（共同化=Socialization）を置くことで、自分の思いにみんなの「共感・共振・共鳴」をもらうとおっしゃったのですが、実際に製品を作る、新しい開発を始めるといった場合、具体的にどのようにして取り組んでいけばよいのでしょう。このプロセスと、実践知リーダーシップの関係はどうなるのでしょう。

野中　イノベーションはまず「共同化」から始めるわけです。人が誰かに共感・共振・共鳴するということは、その相手に感情移入する、もっといえば相手になりきるということです。それができて、初めて自分の視線を出て、相手の視点から世界を見ることができるようになるのです。単に相手の話を聞くだけではなく、相手に棲み込むのです。

ところが、最初に共同化が行われないままだと、絶えず主体と客体を分割して分析的にのみ見てしまうことになります。そうなると、発展的でふくよかなものづくりのプロセスが動き出せないのです。ここでは言葉はいらなくて、相手に共感しながら、そして顧客の視点から世界を見ることで、新しい「気づき」が生まれます。

たとえ現場に行っても相手を対象化して分析的に見ている限りは、相手の視点に立つということはできません。一緒に行動し、ともに体験しながら見る現実＝actualityが大事なのです。この

図A ライダーと同じ目線で場に入り込む[3]

写真（図A）も、おそらくコース横の本田宗一郎はライダーの姿勢に同化している。そして地面に手をついて手でエンジン音を聴いています。五感のすべてを傾けて、今目の前にあるactualityを見ている、actualityにはact、すなわち行動という言葉が入っています。このカーブを曲がるときのライダーの視点から体験を共有しているのです。

平鍋　次の写真（図B）は、開発の現場ですね。

野中　そうです。1枚目の現場で得たようなユーザー視点の気づきを、今度は開発チームのメンバーに伝えているのです。エンジニアを集めて、その場でやはり目線を合わせて伝えている。相手と目線を合わせながら、自分の思いを形にする設計を、ポンチ絵で工場の床にその場で描いて議論している。このような共同化から

図B 開発者と同じ目線でコンセプトを言葉にする[3]

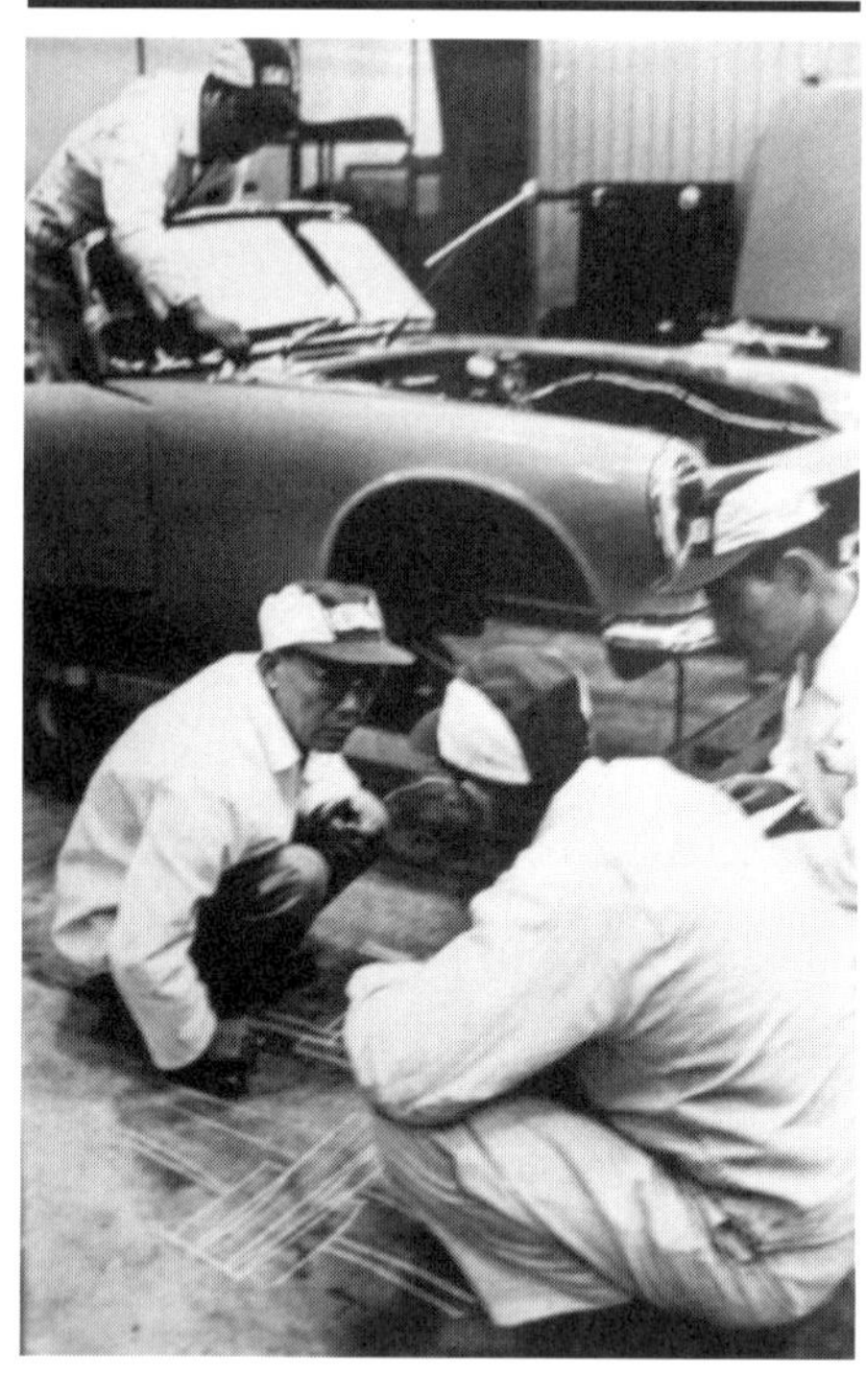

の表出化は決して会議室での形式的なミーティングでは起こらないのです。一連のプロセスが、その場その場の対話を通じて起こっていくのです。

平鍋　この2枚の写真を見て私が注目するのは、ユーザーの現場で体験したものを、仕様書のようなドキュメントにして開発者に持っていっているのではない点です。自分が思ったことを紙に書いて次の人に伝えるのではなくて、本田宗一郎自身が現場で体験して、開発者のいる場所に、自分の身体で行って伝えているという点に注目したいのです。伝える人と伝えられる人の間に、何らの夾雑物もないのです。

野中　そう、全身で移動して相手に伝えるのです。直接経験なのです。だから全身で共感し合える。

平鍋　アジャイルスクラムが、従来のウォーターフォールのような文書を使った伝達と役割分担による分業によってプロジェクトを進める手法から、最小限のチームで全員が共鳴し合ってものを作るという考え方に変わっていくときに、これは応用できるでしょうか。つまり、この写真の本田宗一郎のように、自分自身が現場に出かけていって実際に体験したことを開発現場に戻って伝えるというようなプロセスが、本書でテーマにしているアジャイルに必要なリーダーシップ、すなわち実践知リーダーシップのあり方と考えてよいのでしょうか。

野中　そう考えています。つまり、アジャイルスクラムの言葉でいえば、本田宗一郎は究極のプロダクトオーナーだ、といえるでしょう。そして、それは実践知リーダーシップだと。ユーザー視点での共感を血肉として身体で吸収し、その思いを、開発チームと対話をして伝えている。スクラムでは、ユーザーや顧客と開発者をつなぐのは仕様書ではなく、プロダクトオーナーの仕事です。論文「The New New Product Development Game」の図1、Type Cを見てください（274ページ、図C）。ここにはフェーズが重なった絵がありますが、よく見ると、最初のフェーズを示す円は最後に向かって伸びています。これを言い換えると、「最初に企画をした人は、最後まで

図C The New New Product Development Game（1986, Harvard Business Review）

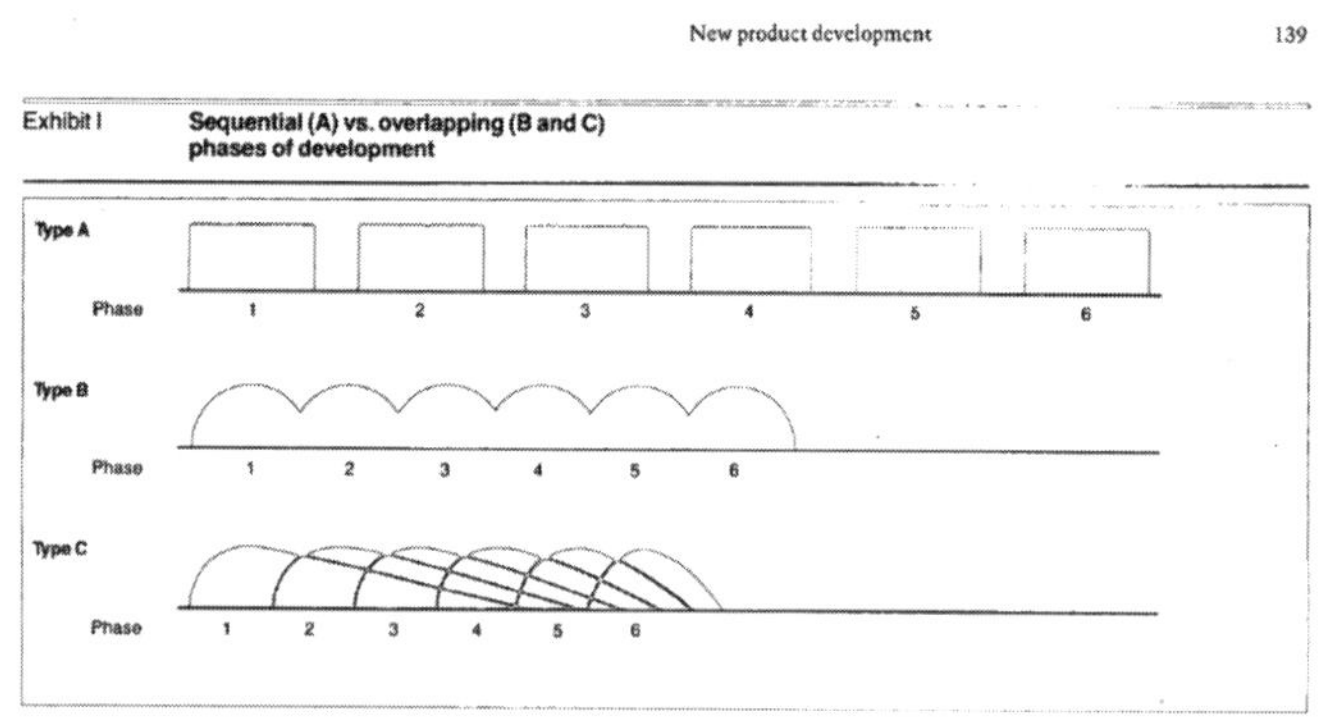

New product development 139

Exhibit I Sequential (A) vs. overlapping (B and C) phases of development

チームに残って、身体で意図を伝えよ」ということなんです。

平鍋　これがプロダクトオーナーの仕事なんですね。ユーザーと開発チームを身体でつなぐ。そして、「それができるのは実践知リーダーだと。もう1人は、このような対話の場を成立させる役目を果たすスクラムマスターです。スクラムチーム全体を見るマネジメントの役目であり、サーバントリーダーといわれています。彼はマイクロマネジメントを避けてチームが自律して動けるように支援をします。そして、第3の役割が開発をになう人々です。

野中　この3つの役割の中に、ひいては、スクラムチーム全員の個人個人の中に、実践知リーダーシップはディストリビュートされている必要があります。海兵隊と同じで、陸・海・空が

1つのチームとなってそこにあり、それが会社のビジョンから導き出された製品のビジョンと相似形になっているのです。アジャイルスクラムというのは、オリジナルのスクラムにはなかった具体的な役割やスプリントという時間枠のコンセプトを盛り込みながら、ソフトウェアの開発でありながら、ヒューマンタッチを重視している。同時に、SECIモデルを回す仕組みとしても機能しているのも大変重要な点です。例えば「朝会」「ふりかえり」「ペアプログラミング」なんていうのは、まさに暗黙知が共有されて形式知化されていく場所ですよね。

さらに、アジャイルスクラムのチームは、ダイナミックな動きに特長があります。個々人がそれぞれに決まった仕事をこなすようなスタティックな活動ではなく、お互いに絶え間なく対話しながら課題や成果を共有し合うこと。それがチームを越え、さらに組織の中に広がるにつれて、どんどん水平・垂直的に多様な知を巻き込んで相互作用し合いながら新しい知を生成していく。私はスクラムが一プロジェクトだけでなく、組織の中の小さな構造から大きな構造にまで浸透した形、すなわち動的に相互作用する「ダイナミック・フラクタル」な形が、イノベーションを作り出す企業の新しいあるべき姿だと考えています。

日本が忘れてしまった実践知

平鍋　1990年代に、ソフトウェア開発を工業と見る動きが出てきて、その結果分業化が進みました。ところがイノベーションの速度が速くなってくると、工業化して均質化することを追求するとむしろ遅くなってしまう。それよりも、現場で顧客やユーザーと話して、顧客と協働して作っていく方が、ITの持っている能力を顧客の抱えている課題への解としてすばやく出せるということに気づき、今「アジャイル」と呼ばれる大きな転換が起こりつつあると見ています。そういう視点からも、必要以上に正確さや完成度を期するよりも、作ったものをすぐに顧客に持っていって、それを使ってみながら評価してもらうアジャイルの方法論は正しいと感じます。

野中　それもただ単に話が早いというだけのことではなく、持っていったプロトタイプを媒介にして共感し合うわけですよね。その結果、必ずしもその場では言葉にならなくても、自分が「もの」を媒介にして顧客と共感したことを持って、開発の場に帰ってくることができる。これが、身体を使って暗黙知と形式知を行き来する知識創造活動であり、それを引っ張るのが「実践知リーダーシップ」なんです。プロダクトオーナーが1人でやるのでなく、チーム全体でこれをやるのがもっといい。ここから人が成長し、さらに分散された実践知リーダーシップが出てくる。

平鍋　1つのプロジェクトの中で「考える」ことと「行動する」ことを2つの作業とか2つの役割に分けてしまうのではなく、1つのチームに、さらに1つの個人にまで同居させるのですね。

野中　そうです。それがスクラムだといえるでしょう。それに身体性を伴わないものは、実践知と呼びませんせん。実践知というのは、暗黙知と形式知との両方で構成されるわけですが、それらは身体性を伴なって回すことが大事です。自分の頭の中でスパイラルに回しているだけでは、実践知にならないのです。具体的な「もの」や「こと」の背後にある関係性、その多くは見えないものです。それを洞察しながら判断していくには、形式知に加えて、動きながら現実の只中で深く本質を考え抜く知力が必要です。

平鍋　実践知を駆使するには、やはり身体で動くことが不可欠なのですね。

野中　そうです。身体性を伴なわなくてはいけないわけです。考えるだけではいけない。そういう意味で我々は昔から「知行合一」とかいろいろなことをいってきましたが、90年代以降、現代の日本は「分析過多」「計画過多」「コンプライアンス過多」というのがはびこるようになってしまった。

日本のハードウェアや新製品開発が一番元気だった頃に機能していた実践知リーダーシップを、我々はいつの間にか喪失してしまったのです。それを何と、ソフトウェアという新たなものづくりで復活させようという、平鍋さんたちの取り組みには感動しました。ソフトウェア開発でも、スクラムに参加したエンジニアは成長し、次のリーダーになるでしょう？　ここでも経験が学びを媒介しているのです。実践知リーダーシップは、経験の場の中で人を成長させ、次のリーダーを生むのです。

リーダーは高いビジョン、共通善を語れ

平鍋　少し日本からのイノベーションに戻ります。日本の企業というのは「顧客」を大事にする、というよいところがあると思います。どこの企業でも同じことを感じるのですが、やはり日本の企業ならではの特長なのでしょうか。

野中　そうした日本企業の強さというのを、僕は世界に冠たるものだと思います。欧米の一部の企業のように、ビジネスの目的を「株主のため」なんていわないんですよ。まして、自分たちの「利益のため」ともいっていない。では何のためかというと、「顧客のため」。そこは日本企業が背景に持っている1つの強みだと思います。さらに、「未来の世界をこうしたい、そのために私たちはこうするのだ」という共通善（コモン・グッド）の実現のために、自分たちのあるべき姿を常に追求する。リーダーがこのビジョンを語ることが重要なんです。

平鍋　もしかしたら、企業のミッションと一個人が生きるというミッションでさえも相似形になっているのかもしれないという気がしますね。

野中　まったくそう思います。「SECIモデル」というのは、個々の人間の体験に基づく暗黙知を起点としています。しかしこれを形式知に変換して他者と共有することで、そこから得られた知識や知見を他者とのインタラクションの中で最終的な製品や成果物に創り上げ、それが再び

各人の中に取り込まれて内面化～新たな暗黙知として次の創造に向かっていくことが可能になる。つまり、そこにはまず「個」があって、その「個＝人間」が自分自身の利益を追求したいとか、誰かのために何かを創りたいという思いを発信しないことには、何も動き出し得ません。ものづくりの根底にそういう人の思いや強い意志があってこそ、初めてナレッジを形にし、それを大きな組織の中で共有し磨き上げて最終製品に結実させることができるのです。そして、「共通善」の言葉で語ることも、実践知リーダーの大きな要素になるのです。

日本からイノベーションを再び起こしていくために

平鍋　これからのイノベーションに、ＩＴは不可欠になってくると思います。製造、流通、医療、金融、など多くの業種でＩＴやソフトウェアの役割が現代のイノベーションの鍵になっていると思うのです。その中で、ＩＴ自体の開発手法は単なる手段という位置づけから、戦略のために本質的なものになりつつあります。

野中　ＩＴを使ったイノベーションを考えたとき、やはりアジャイルをうまく使うことはこれから必須になってくるでしょう。つまりＩＴを、ビジネス全体の中に位置付け、市場や顧客と対話をしながらＩＴを開発していくことになります。その意味で、アジャイルスクラムはこれからの手法として、大きな役割を果たすと思います。しかし、企業全体のマネジメントという視点で考えると、より広い視点が必要です。

企業には、トップ、ミドル、フロントという各層がありますが、まず、トップに立つ人には、共感できるビジョンを語ってほしい。会社の売上利益や株主満足に向けた話だけでなく「この企業が何によって世界をよくしたいのか」という大きな思い、先ほどの共通善を自分の言葉で語ってほしい。自分がコミットしないものは、ただの言葉に過ぎません。これが、社員全員に伝わって、相似形の組織を作る核になるのです。

平鍋 日本には、中間管理職、という大きなミドル層があります。

野中 ミドル層は、そういうトップの思いに自分の思いを重ねながら、関係する人々の知とスクラムを組んでやり抜くという気構えが必要です。やはり実質的なプロデューサーとして現場で動いていくのは、ミドルの人々です。そういう意味でもミドルの位置にある人には、トップの思いを受けつつも、フロントとのやり取りを通じてトップを教育するという役割もあります。ミドルが上下に動かないと、組織は上下に共振できないのです。そしてフロントは、改善の中でまさにSECIモデルを回す役目を担っていくわけですね。

平鍋 そうすると日本の場合は、やはりミドル層というのが昔から特有の強さと鍵となるポジションになっているわけですね。

野中 今、一番重要な層だと思います。もう1つ、トップやミドルのリーダーにとって非常に重要なのは、「骨を拾う」ということです。革新的なプロジェクトというのは、既存の知の関係性を打ち破るわけですから、失敗はつきものです。その骨は拾うぞという言葉で、メンバーに安心を約束してあげる役目はリーダーにしかできません。

平鍋　次にフロントですが、私はいわばフロントとしてずっと開発の現場にいるのですけれども、フロントはやはり与えられた仕事をやっているだけでは、何も起こらないのですね。だから顧客を訪問したり、ほかの会社を見に行ったり、全然違う部署と会話をしたり、自分で自分の枠を壊して自らが働きかけていくということをしないと、待っていても始まらないというふうに思っています。

野中　フロントの人が、顧客やユーザーのいる現場に行くというのは、自分たちのサイロを越えてより大きな関係性の中で実体験をするという点で非常に有意義です。自分の思いをコミットせずに、もらった仕様書だけを見て仕事をしている限りは、単なる情報処理者（information processor）です。我々は知の創造者（knowledge creator）であって単なる情報処理者ではないんだという人間観に立っています。知と情報の根底にある違いは、やはり主観であり身体的な知であり、これらが本当の創造の原点になります。

平鍋　トップ、ミドル、フロント、どの層でも、自分が感じたことを大切にして他者との対話を繰り返すこと。そこから出発すべきなのですね。それが実践知リーダーシップの出発点だと。

野中　現実的な最善の解というのは、論理的にあらかじめ用意されてあるわけではありません。試行錯誤を繰り返す中で、よりよい解決に向かって職人道的に無限の努力を続けていかなくてはならないのです。それこそまさに実践知の経営で、しかもそれは、1人のリーダーではできません。分散リーダーシップが必要であり、分散実践知が必要です。体験から実践知を持った人全員が、次の分散実践知を生み出していく。そういう大きな視点で捉えたときに、アジャイルスクラムももっと大きな意味を持ってくると思います。

平鍋　まさに、そんな動きが2020年代に起きてくると確信しました。ありがとうございました。

野中　どんな大企業であっても、まず、縦横の壁を取り払って、本音を語り合うことから、共感を作ることから始めてはどうでしょうか。

おわりに

本書は3部構成であり、第3部の「アジャイル開発とスクラムを考える」では、経営の観点から見たイノベーションと、ソフトウェア開発のアジャイルをつなぐことを模索した。その中で、アジャイルが目指したものの根幹は、対話をベースにした協調チームを、顧客・技術者がともに作るマネジメントであることを確信し、本書の副題を「顧客・技術・経営をつなぐ協調的ソフトウェア開発マネジメント」とした。

現在のアジャイルが中心的に扱っている問題は、1つのプロジェクト、1つの製品開発である。これを、2つの軸に拡張していく必要がある。

・プロジェクトから組織に広げ、経営とつなげること
・一製品開発から持続的イノベーションにつなげること

前者は空間的、後者は時間的な方向にアジャイルの可能性を広げることに対応する。

そして、この両軸に広げていくための鍵は、「実践知リーダーシップ」にあるというのが本書のメッセージだ。第2部で紹介した事例でも、その中心となっていたのは現場リーダーたちの思いと行動である。さらに、実践知リーダーシップの6つ目の実践に「社員の実践知を育む」すなわち、リーダーシップの分散がある。経験の中から人が育ち、それが次の人材を生み出す力だ。これは日本が最も得意としてきたチームの力、人材育成の力ではないだろうか。

実際、アジャイルやスクラムをスケールさせること、組織変革プログラムとして推進することなどは今でもホットな話題であり、本書でも第5章で中心的に取り上げた。ジェフ・サザーランドは『Software in 30 Days』の中で、3つの章を割いてこの話題を議論しており、次のように述べている。

〝企業変革には、トップ（シニア・エグゼクティブ）の強いコミットが必要だが、それが根付くためには、企業全員が新しい文化を理解し、参画し、その一部になる必要がある。

最初に信念を持ち、ビジョンと戦略を社員に伝えることから始めなくてはならない。〟

写真 プロダクトオーナー研修にて初めて顔を合わせる2人[1]

本書では、アジャイルの組織的拡大を第5章で紹介しているが、それらの中には見えてこない、リーダーシップそのもののあり方を中心に議論した。このことの意味を明らかにするエピソードを1つ紹介したい。

2011年、ジェフ・サザーランドとガブリエル・ベネフィールドが、スクラムのトレーニングを日本で開催した際、筆者（平鍋健児）と野中郁次郎先生がその場に飛び入りした（写真）。トレーニングは終盤で、参加者からの質問に、ジェフとガブリエルが答えるという場面だった。1人が質問した。

「プロジェクトには、営業部門、マーケティング部門、サポート部門など、いくつかの部門にステークホルダーがいるのです。そして、どの機能を優先すべきかについて意見が分かれているのです。意見を1つにまとめるには、どうしたらよいのでしょうか」

この場にいた私は、「持ち点による投票をする」という答えなどを考えていた。この質問に対して、ガブリエルが突然、振り返って聞いた。

「野中先生は、どう思われますか」

急な質問だったので野中郁次郎先生は一瞬戸惑ったが、その後少し間を置いておっしゃった。

「合宿をしなさい」

そして、こう続けた。

「形式的な会議で決めることはできない。いろんな背景を持った人の集合において、形式知で語れること、理解し合えることはごく一部だ。合宿をし、一緒に飯を食い、泊まって徹底的に話をする。そうすると、形式知は脱ぎ捨てられ、自分の主観で話をするようになる。そこで、なぜこのプロジェクトに自分が参加しているのか、という根源的な問いにまでたどり着けるだろう。そこから初めて、1つの共通理解が生み出される。この過程をみんなで踏みなさい」

そのとき、おそらく、海外からきたスクラムの先生たちは度肝を抜かれたと思う。もしかしたら、そんな抽象的な解決なのか、という反応だったのか、あるいは、あまりにも本質的な解決に感動したのか。

しかし、これを伝えたいと思ったのが本書を執筆した動機なのだ。最後に、平鍋と野中先生が、スクラムとは何か、スクラムチームとは何かについて議論した。

「スクラムとは、会社を機能単位に分割した階層や組織ではなく、どこをとっても会社のビジョンに向かった判断・行動パターンを共有する自己相似形の知識創造活動であり、それを実践する人々である」

というのがその答えだ。

謝辞

最後に、本書の第1版および第2版の執筆にあたっては、以下の方々に特に第1部の丁寧なレビューをいただきました。この場を借りて感謝致します。

角 征典さん、山下博之さん、南 悦郎さん、吉羽龍太郎さん、古賀和幸さん、的場聡弘さん、和田憲明さん、鈴木淳司さん、柴山洋徳さん、田澤 久さん、稲村直穂子さん、嵩原將志さん、永瀬美穂さん、中島隆一さん、西村直人さん、天野 勝さん、市谷聡啓さん、藤井智弘さん、和田圭介さん、島田薙彦さん。

第2部の執筆およびインタビューに協力いただいた、薄井宏航さん、岡島幸男さん、橋本憲洋さん、室木梨沙さん、蜂須賀大貴さん、佐野友則さん、河野彰博さん、藤原 大さん、神部知明さん、

南 尚人さん、山口真幸さん、臨場感のある事例をありがとうございました。加えて、本書への推薦の言葉をいただいたハーバード大学経営大学院教授竹内弘高先生、Scrum Inc. Japan の荒本 実さん、宮田一雄さん、泉 博史さん、さらに、長時間のインタビューに答えてくれたジェフ・サザーランド、コラムを書いていただいた木下史彦さん、写真を提供していただいた新野淳一さん、長沢智治さん、角谷信太郎さん、谷口倫章さん、挿絵を提供いただいた水越明哉さん、英語のインタビューを編集していただいたScrum Inc. のローラ・アルソフ、野中先生とのやり取りを毎回調整していただいた一橋大学の川田弓子さんと村井敬子さん、大量のインタビューを読みやすく採録していただいたオフィスローグの工藤 淳さん、最後まで辛抱強く編集していただいた翔泳社の大嶋航平さん、片岡 仁さん、近藤真佐子さんに感謝します。

２０１１年にイノベーションスプリントを開催してジェフ・サザーランドと野中先生の対談のきっかけを作っていただいた川口恭伸さんと前田安雄さん。本書が生まれたのは２人のおかげです。ありがとうございました。

また、第2版に新たな知見を入れ、執筆という長い道を一緒に歩いてくれた及部敬雄さん、長い電話での知的コンバットを仕掛けていただいた野中郁次郎先生に感謝します。

著者を代表して　２０２１年4月　福井県大野市にて

平鍋健児

『エクストリームプログラミング』(ケント・ベック/シンシア・アンドレス著、角 征典訳、オーム社、2015年)
XP (エクストリーム・プログラミング) を最初に解説した本。技術者向けであるが、エンジニアリングの視点と、チームワークの視点、顧客満足の視点が入ったソフトウェア開発手法、XPの最初の本。4つの価値と12の原則を示した。現在でもよく使われるプラクティスの原型がここにある。

『アジャイルソフトウェア開発スクラム』(ケン・シュエイバー /マイク・ビードル著、長瀬嘉秀/今野 睦監訳、スクラム・エバンジェリスト・グループ訳、ピアソン・エデュケーション、2003年)
最初に書かれたスクラムの書籍。『知識創造企業』のSECIモデルや、「The New New Product Development Game」への参照が見られる。

『アジャイルサムライ－達人開発者への道』(ジョナサン・ラスマセン著、西村直人/角谷信太郎監訳、近藤修平/角掛拓未訳、オーム社、2011年)
日本で最も読まれているアジャイル開発についての指南書。初学者にも経験者にも読んでもらいたい。

『SCRUM BOOT CAMP THE BOOK【増補改訂版】スクラムチームではじめるアジャイル開発』(西村直人/永瀬美穂/吉羽龍太郎著、翔泳社、2020年)
日本のアジャイルコミュニティを牽引する3人による書き下ろし本。スクラム実践者に最初に読んでもらいたい1冊。

「プロジェクトファシリテーション」
アジャイル開発に限らず、開発現場のモチベーション、コミュニケーションに焦点を当てた見える化手法。
http://objectclub.jp/community/pf/

『アジャイルなチームをつくる ふりかえりガイドブック 始め方・ふりかえりの型・手法・マインドセット』(森 一樹著、翔泳社、2021年)
ふりかえり、の手法を多く掲載している日本オリジナルの本。アジャイルに限らずチームづくり手法として読みたい。

『ワイズカンパニー：知識創造から知識実践への新しいモデル』（野中郁次郎/竹内弘高著、黒輪篤嗣訳、東洋経済新報社、2020年）
実践知および実践知リーダーという、本書テーマを書いた、本格的な経営理論書。ぜひ、手にとって読んでほしい。多くの企業の実例からの知を紡ぎ出そうとする本書の姿勢そのものに、実践知を感じることができる。

ソフトウェア開発におけるアジャイルとスクラム

「スクラムガイド」
最もコンパクトにまとまった、スクラムの完全な解説書。2020年にアップデートされて各国語訳が公開されており、日本語訳もここにある。
https://www.scrumguides.org/index.html

『Software in 30 Days スクラムによるアジャイルな組織変革"成功"ガイド』（ケン・シュエイバー/ジェフ・サザーランド著、角 征典/吉羽龍太郎/原田騎郎/川口恭伸訳、アスキー・メディアワークス、2013年）
スクラムを経営者向けに解説した簡潔な書籍。上記『スクラムガイド』もこの本の中に含まれる。本書のスクラム解説ではこれを主に参照した。

『スクラム 仕事が4倍速くなる“世界標準”のチーム戦術』（ジェフ・サザーランド著、石垣賀子訳、早川書房、2015年）
スクラムの生みの親によるスクラムの解説本。開発者だけでなくスクラムに関わるすべての人に読んでもらいたい。

『リーンソフトウエア開発～アジャイル開発を実践する22の方法～』（メアリー・ポッペンディーク/トム・ポッペンディーク著、平鍋健児/高嶋優子/佐野建樹訳、日経BP社、2004年）

『リーン開発の本質：ソフトウエア開発に活かす7つの原則』（メアリー・ポッペンディーク/トム・ポッペンディーク著、平鍋健児監訳、高嶋優子/天野 勝訳、日経BP社、2008年）

『リーンソフトウェア開発と組織改革』（メアリー・ポッペンディーク/トム・ポッペンディーク著、依田智夫監訳、依田光江訳、アスキー・メディアワークス、2010年）
管理者、経営者、技術者向けに、リーンおよびトヨタ生産方式の考え方をソフトウェア開発に取り入れる方法および原則を書いた本。新しいソフトウェア開発の考え方が、経営視点で説明されている。3冊がシリーズになっているが、1冊だけ薦めるとしたら『リーン開発の本質』を読んでほしい。

参考文献案内

本書で参考にした重要文献を挙げる。アジャイル開発、スクラム、知識創造、実践知リーダーシップをより深く知るために推薦したい書籍、論文、記事を抜粋した。

経営と知識創造、オリジナルのスクラム

Hirotaka Takeuchi and Ikujiro Nonaka, *"The New New Product Development Game"*（Harvard Business Review, 1986）
日本の新製品開発を研究し、その特徴を「スクラム」という言葉で表した論文。本書で詳細に議論したように、ソフトウェア開発でのスクラムに大きな影響を与えた。

『知識創造企業』（野中郁次郎/竹内弘高著、梅本勝博訳、東洋経済新報社、1996年）
国際社会の中で成功した日本の経営を分析し、知識創造モデル（SECI）を提示・議論した書籍。形式知と暗黙知の変換を知識創造とし、この2つの知の相互作用によるスパイラルアップのプロセスを組織的知識創造とした。個人の知識と組織全体とは相互に作用し合うことが重要であり、そうすることによってイノベーションが起こる。初期のアジャイル開発におけるスクラムの書籍『アジャイルソフトウェア開発スクラム』においても引用されている。

「実践知のリーダーシップ～スクラムと知の場作り」
アジャイルジャパンで発表された資料。本書第3部の原型となっている。SECIモデルと実践知（暗黙知と形式知を行き来する第3の知の形）についてわかりやすく解説されているスライド。
http://www.slideshare.net/hiranabe/agilejapan2010-keynote-by-ikujiro-nonaka-phronetic-leadershipagilejapanjapanese

「偉大なるリーダーシップ」（ダイヤモンド・ハーバード・ビジネス・レビュー、ダイヤモンド社、2011年9月号記事）
実践知リーダーシップを「Wise Leadership」と呼んで海外へ発信された記事。

『アメリカ海兵隊－非営利型組織の自己革新』（野中郁次郎著、中央公論新社、1995年）
本書の対談で出たフラクタル組織のアイディアは、陸海軍が1つになったこの海兵隊に由来している。

（ジム・ハイスミス著、平鍋健児/高嶋優子/小野 剛訳、日経BP社、2005年）
[6]『リーン開発の本質：ソフトウエア開発に活かす7つの原則』（メアリー・ポッペンディーク/トム・ポッペンディーク著、平鍋健児監訳、高嶋優子/天野 勝訳、日経BP社、2008年）
[7]「Spotifyのスケーリングアジャイル – 部隊、分隊、支部やギルドと共に歩む」 https://lean-trenches.com/scaling-agile-at-spotify-ja/
[8]「組織プロセスパターン」（ジム・コプリーン著、和智右桂訳） https://digitalsoul.hatenadiary.org/entry/20101013/1286921481

第11章　スクラムと知識創造

[1]『リーン・スタートアップ ―ムダのない起業プロセスでイノベーションを生みだす』（エリック・リース著、井口耕二訳、日経BP社、2012年）
[2]『知識創造企業』※「第2版に寄せて」の注を参照

第12章　スクラムと実践知リーダー

[1]『ワイズカンパニー：知識創造から知識実践への新しいモデル』※「第2版に寄せて」の注を参照
[2]『日本の企業家 7 本田宗一郎 夢を追い続けた知的バーバリアン』（野中郁次郎著、PHP経営叢書、2017年）
[3]『知識創造企業』※「第2版に寄せて」の注を参照
[4]『知的機動力の本質 - アメリカ海兵隊の組織論的研究』（野中郁次郎著、中央公論新社、2017年）

特別対談 野中郁次郎×平鍋健児

[1]『アメリカ海兵隊－非営利型組織の自己革新』（野中郁次郎著、中央公論新社、1995年）
[2]「成功の本質：ミラ イース／ダイハツ工業」（出典：Works112、リクルート、2012年）
[3] 本田技研株式会社：「自動車の殿堂」デトロイト展示

おわりに

[1] アギレルゴコンサルティング・写真提供

［6］自身の価値観をあらわにするカードゲーム型のワークショップ。

［7］パスタやマシュマロを使って行うチームビルディングのためのワークショップ。

［8］参加者それぞれがお互いの期待値をすり合わせるワークショップ。

［9］キャンバスのフォーマットに則り、プロジェクトのあらゆる側面を分析し、仮説を立てるワークショップ。『カイゼン・ジャーニー』（市谷聡啓/新井 剛著、翔泳社、2018年）などで取り上げられている。

［10］Jeff Patton氏の考案したユーザーの行動を元にプロダクトの優先順位や必要なストーリを考えるワークショップ。

［11］株式会社ヴァル研究所。「駅すぱあと」などの乗換案内で知られる。

［12］MENLO Innovations. inc.のこと。その全社を上げたカイゼンの様子は『ジョイ・インク』（リチャード・シェリダン著、原田騎郎/安井 力/吉羽龍太郎/永瀬美穂/川口恭伸翻訳、翔泳社、2016年）などの書籍にも取り上げられている。

［13］製品やサービスにおけるプロセスとそこにかかっている時間などを可視化するツール。

第9章　KDDI DIGITAL GATEにおける
スクラムチームファーストな働き方

［1］「タックマンモデル」とは、チームの組織進化の4段階を指す、心理学者のブルース・タックマンが唱えたモデル。形成期、混乱期、統一期、機能期からなる。

第10章　竹内・野中のスクラム論文再考

［1］『アジャイルソフトウェア開発スクラム』（ケン・シュエーバー /マイク・ビードル著、長瀬嘉秀/今野 睦監訳、スクラム・エバンジェリスト・グループ訳、ピアソン・エデュケーション、2003年）

［2］Newが2つ重なっているのは、「新製品開発（New Product Development）の新しい（New）やり方」という意味。

［3］ケン・シュエーバーとジェフ・サザーランドの著書、『Software in 30 Days スクラムによるアジャイルな組織変革"成功"ガイド 』（角 征典/吉羽龍太郎/原田騎郎/川口恭伸訳、KADOKAWA、2013年）にもこの6つの特性についての記述がある。

［4］ただし、スクラムガイド2020では混乱を避けてより平易な自己管理（self-managed）という言葉が使われている。

［5］『アジャイルプロジェクトマネジメント 最高のチームづくりと革新的な製品の法則』

児玉公信/平澤 章/友野晶夫/梅沢真史訳、ピアソン・エデュケーション、2000年）

[12] 古くはMakeから始まり、Ant、Maven、Jenkins、Travis CIなど数多く存在する。

[13]「アジャイルプラクティス地下鉄マップ」
https://www.agilealliance.org/agile101/subway-map-to-agile-practices/

[14]「アジャイル開発版「情報システム・モデル取引・契約書」
～ユーザ／ベンダ間の緊密な協働によるシステム開発で、DXを推進～」
※「はじめに」の注を参照

第5章　アジャイルの進化とスケールフレームワーク

[1]「Overview - Large Scale Scrum（LeSS）」
https://less.works/jp

[2]「Disciplined Agile」
https://www.pmi.org/disciplined-agile/

[3]『ディシプリンド・アジャイル・デリバリー』日本語版公式サイト
https://disciplinedagiledelivery.jp/

第6章　NTTコムウェアにおけるカルチャー変革の航路

[1] System of Record。構造化されたデータを整然と処理する基幹系システム。

[2] System of Engagement。ユーザと企業をどのようにつないでいくかという点を重視したシステム。

[3] IPAによる「契約前チェックリスト」
https://www.ipa.go.jp/ikc/reports/20200331_1.html

第8章　小さな成功から築き続けるIMAGICA Lab.のアジャイル文化

[1] ビデオ・オン・デマンドの略称。インターネットを通じて視聴者が観たいときに様々な映像コンテンツを視聴することができるサービス。

[2] 色味の調整を行う工程。監督やプロデューサーの意向に合わせて色味を調整する仕事。カラーグレーダーという専門家が行う。

[3] ペタバイト。

[4] オフショア開発のこと。システム開発などの業務を海外企業、または海外の現地法人などに委託すること。

[5] 複数枚のカードを用いて権限移譲のための対話を行うワークショップ。

のサポートページにテンプレートが用意されている。
https://github.com/agile-samurai-ja/support/tree/master/blank-inception-deck

[2]「プランニングポーカーかんたんガイド」(川口恭伸著) を参考にした。
https://kawaguti.hateblo.jp/entry/20120218/1329524230

[3]「朝会のパターン:立ってるだけじゃないよ」(ジェイソン・イップ著、角 征典訳)
https://bliki-ja.github.io/ItsNotJustStandingUp/
「プロジェクトファシリテーション実践編:朝会ガイド」(永和システムマネジメント オブジェクト倶楽部 天野 勝/平鍋健児著)
http://objectclub.jp/download /files/pf/MorningMeetingGuide.pdf

[4]『アジャイルレトロスペクティブズ 強いチームを育てる「ふりかえり」の手引き』(エスター・ダービー /ダイアナ・ラーソン著、角 征典訳、オーム社、2007年)

[5]「プロジェクトファシリテーション実践編:ふりかえりガイド」(永和システムマネジメント オブラブ 天野 勝著)
http://objectclub.jp/down load/files/pf/RetrospectiveMeetingGuide.pdf
『これだけ! KPT』(天野 勝著、すばる舎、2013年)
『LEADER's KPT』(天野 勝著、すばる舎、2019年)
『アジャイルなチームをつくる ふりかえりガイドブック 始め方·ふりかえりの型·手法・マインドセット』(森 一樹著、翔泳社、2021年)

[6] David J. Anderson , "*Kanban: Successful Evolutionary Change for Your Technology Business*" (Blue Hole Press, 2010)
『カンバン ソフトウェア開発の変革』(David J. Anderson著、長瀬嘉秀/永田 渉監訳、テクノロジックアート訳、リックテレコム、2014年)

[7] アジャイル基地を作るパタン言語
https://anagileway.com/2020/05/26/agile-base-patterns/

[8] JUnit
https://junit.org

[9]「テスト熱中症」(エリック・ガンマ/ケント・ベック著、小野 剛訳)
http://objectclub.jp/community/XP-jp/xp_relate/testinfected-j

[10] 和田卓人氏による「TDDのこころ」を参考に作成。
https://www.slideshare.net/t_wada/the-spirit-of-tdd/37

[11]『リファクタリング―プログラムの体質改善テクニック』(マーチン・ファウラー著、

デュオシステムズ訳、ピアソン・エデュケーション、2003年)

[4] DSDMコンソーシアム
現在、「アジャイルビジネスコンソーシアム」と名前を変えて活動している。
https://www.agilebusiness.org/

[5]『適応型ソフトウェア開発――変化とスピードに挑むプロジェクトマネージメント』(ジム・ハイスミス著、ウルシステムズ株式会社監訳、山岸耕二/原 幹/中山幹之/越智典子訳、翔泳社、2003年)

[6] Alistair Cockburn, *"Crystal Clear : A Human-Powered Methodology for Small Teams"* (Addison-Wesley, 2004)

[7] Tom Gilb, *"Competitive Engineering : A Handbook For Systems Engineering, Requirements Engineering, and Software Engineering Using Planguage"* (Butterworth-Heinemann, 2005)

[8]「アジャイル宣言の背後にある原則」
https://agilemanifesto.org/iso/ja/principles.html
さらに、IPAから原則の読み解き方が配布されている。
https://www.ipa.go.jp/files/000065601.pdf

第2章 なぜ、アジャイル開発なのか

[1]「14th Annual State of Agile Report」
https://stateofagile.com/#ufh-i-615706098-14th-annual-state-of-agile-report/7027494

[2]「Scrum Handbook」(ジェフ・サザーランド著)
https://www.scruminc.com/wp-content/uploads/2014/07/The-Scrum-Handbook.pdf

第3章 スクラムとは何か?

[1] スクラムガイド日本語版
https://scrumguides.org/docs/scrumguide/v2020/2020-Scrum-Guide-Japanese-2.0.pdf

第4章 アジャイル開発の活動(プラクティス)

[1] 書籍『アジャイルサムライ－達人開発者への道』(ジョナサン・ラスマセン著)

注

第2版に寄せて

[1]『知識創造企業』(野中郁次郎/竹内弘高著、梅本勝博訳、東洋経済新報社、1996年)

[2]『ワイズカンパニー：知識創造から知識実践への新しいモデル』(野中郁次郎/竹内弘高著、黒輪篤嗣訳、東洋経済新報社、2020年)

はじめに

[1]「非ウォーターフォール型開発の普及要因と適用領域の拡大に関する調査報告書(非ウォーターフォール型開発の海外における普及要因編)」(出典：IPA/SEC)
https://www.ipa.go.jp/sec/softwareengineering/reports/20120611.html

[2]「官公庁でも取り組み始めたアジャイル！ 山形県庁の事例」(出典：アジャイルジャパン2010年における発表資料)
https://www.slideshare.net/AgileJapan/agilejapan2010

[3]「島根県がリーン・スタートアップによるパートナー型ビジネス創出支援、新たに2件採択」(出典：日経BP社 ITPro)
https://xtech.nikkei.com/it/article/NEWS/20120919/423476/

[4]「アジャイル開発版「情報システム・モデル取引・契約書」～ユーザ／ベンダ間の緊密な協働によるシステム開発で、DXを推進～」(出典：IPA)
https://www.ipa.go.jp/ikc/reports/20200331_1.html

第1章　アジャイル開発とは何か？

[1]"Salesforce.com Agile Transformation"(出典：Agile 2007 Conference)
https://www.slideshare.net/sgreene/salesforcecom-agile-transformation-agile-2007-conference

[2] 流れ落ちるように後戻りしないことから名付けられた。最初に提唱したウィンストン W. ロイス（Winston W. Royce）自身は、論文の中で実際には一度ではうまくいかないと言っているにもかかわらず、これがウォーターフォールという後戻りしない手法の呼び名として定着した。

[3]『アジャイル開発手法FDD――ユーザ機能駆動によるアジャイル開発』(スティーブン・R. パルマー /ジョン・M.フェルシング著、今野 睦/長瀬嘉秀/飯塚富雄監訳、

た・ち

て・と

な

は・ひ

ふ

へ・ほ

ま・も

や・ゆ・よ

り・れ

わ

う・お

か・き

け・こ

さ・し

す

索引

及部敬雄（およべ・たかお）

Silver Bullet Club（チーム名）所属。
株式会社デンソーエンジニア。
一般社団法人アジャイルチームを支える会理事。
AGILE-MONSTER.COM（個人事業主）。

エンジニアとして、様々なドメインのプロダクト開発・運用・新規事業立ち上げを経験。アジャイル開発との出会いをきっかけに、最強のチーム・組織をつくることを目標に日々奮闘している。そこで得た実践知をアジャイルコミュニティなどで発信し続けている。2019年にチームFA宣言をし、現職にチーム移籍を果たした。新しいチームのかたちを模索している。

また、アジャイルコーチ（個人事業主）として様々なチームや組織の支援もしている。

●著者紹介

平鍋健児（ひらなべ・けんじ）
株式会社永和システムマネジメント代表取締役社長。
株式会社チェンジビジョンCTO。
Scrum Inc. Japan 取締役。

福井での受託開発を続けながらアジャイル開発を推進し、UMLエディタastah*を開発。現在、国内外で、モチベーション中心チームづくり、アジャイル開発の普及に努める。

ソフトウェアづくりの現場をより生産的に、協調的に、創造的に、そしてなにより、楽しく変えたいと考えている。

2009 年から開催している、アジャイルジャパン初代実行委員長。

翻訳『リーン開発の本質』（日経BP、2008年）、『アジャイルプロジェクトマネジメント』（日経BP、2005年）など多数。

野中郁次郎（のなか・いくじろう）
一橋大学名誉教授。
中小企業大学校総長。

早稲田大学政治経済学部卒業。富士電機製造株式会社勤務ののち、カリフォルニア大学経営大学院（バークレー校）にて博士号（Ph.D）を取得。南山大学経営学部教授、防衛大学校教授、一橋大学商学部産業経営研究所長、北陸先端科学技術大学院大学知識科学研究科長、一橋大学大学院国際企業戦略研究科教授を経て現職。カリフォルニア大学（バークレー校）経営大学院ゼロックス知識学特別名誉教授、クレアモント大学大学院ドラッカー・スクール名誉スカラー、早稲田大学特命教授を歴任。知識創造理論を世界に広め、ナレッジマネジメントの権威で海外での講演も多数。

主な国内での著書に『失敗の本質』（共著、ダイヤモンド社、1984年）、『知識創造企業』（東洋経済新報社、1996年）、『知的機動力の本質』（中央公論新社、2017年）『直観の経営』（KADOKAWA、2019年）、『ワイズカンパニー』（東洋経済新報社、2020年）などがある。他に海外、国内ともに多数の論文、著書を発表している。2008年5月のウォールストリートジャーナルでは、「最も影響力のあるビジネス思想家トップ20」に選ばれる。2010年11月には公務等に長年にわたり従事し、成績をあげた人に贈られる瑞宝中綬章を受章した。

装丁：坂川朱音（朱猫堂）
本文デザイン：鳴田小夜子（坂川事務所）
DTP：株式会社アズワン
編集協力：工藤 淳

■初版収録の企業事例記事のダウンロードについて
翔泳社Webサイト上より、『アジャイル開発とスクラム』初版に収録された事例記事のPDFをダウンロードしてお読みいただけます。

ダウンロードページには下記のリンクからアクセスしてください。

https://www.shoeisha.co.jp/book/download/9784798167466/

アジャイル開発とスクラム 第2版
顧客・技術・経営をつなぐ協調的ソフトウェア開発マネジメント

2013年 1月17日　初版第1刷発行
2021年 4月　7日　第2版第1刷発行
2024年 3月　5日　第2版第3刷発行

著者　平鍋健児（ひらなべ・けんじ）
　　　野中郁次郎（のなか・いくじろう）
　　　及部敬雄（およべ・たかお）
発行人　佐々木 幹夫
発行所　株式会社 翔泳社（https://www.shoeisha.co.jp/）
印刷・製本　日経印刷 株式会社

＊本書のお問い合わせについては、3ページに記載の内容をお読みください。
＊落丁・乱丁はお取り替えいたします。03-5362-3705までご連絡ください。

ISBN978-4-7981-6746-6
Printed in Japan